全党全国各族人民要牢记由鲜血和生命铸就的中国人民抗日战争的伟大历史,牢记中国人民为维护民族独立和自由、捍卫祖国主权和尊严建立的伟大功勋,牢记中国人民为世界反法西斯战争胜利作出的伟大贡献,珍视和平、警示未来,坚定不移走和平发展道路,坚定不移维护世界和平,万众一心把中国特色社会主义推向前进。

———— 习近平

纪念中国人民抗日战争
暨世界反法西斯战争胜利75周年

地质矿产史料图集

李晨阳　商云涛　王新春　于瑞洋　等　编著

科学出版社
北京

审图号：GS(2021)667号

图书在版编目(CIP)数据

纪念中国人民抗日战争暨世界反法西斯战争胜利75周年地质矿产史料图集/李晨阳等编著. —北京：科学出版社，2021.3
ISBN 978-7-03-053043-1

Ⅰ.①纪⋯ Ⅱ.①李⋯ Ⅲ.①地质-档案资料-汇编-中国 Ⅳ.①G275.3

中国版本图书馆CIP 数据核字(2017) 第117744号

责任编辑：孟美岑 韩 鹏 / 责任校对：张小霞
责任印制：肖 兴 / 封面设计：黄华斌

科学出版社 出版
北京东黄城根北街16号
邮政编码：100717
http://www.sciencep.com
中煤地西安地图制印有限公司印刷

科学出版社发行 各地新华书店经销

*

2021年3月第 一 版　　开本：787×1092 1/8
2021年3月第一次印刷　　印张：14 1/2
字数：180 000
定价：498.00元
（如有印装质量问题，我社负责调换）

编著者

李晨阳　商云涛　王新春　于瑞洋

吴　轩　贾丽琼　黄　冰　孔昭煜

高学正　李晓蕾　强　新　李　华

齐钒宇　刘思宇　朱丽丽　张阳明

前　言

　　值此中国人民抗日战争暨世界反法西斯战争胜利75周年之际，推出这本地质矿产史料图集，以从资源掠夺的角度揭露日本帝国主义发动侵华战争的直接动因，同时也可以从中感受到，在民族危难之际，地质先辈们坚持操守，牢记职责，以极大的责任感和使命感为抗战贡献自己的专业知识和技能，用实际行动表达了"国家兴亡，匹夫有责"的伟大爱国情怀。

　　本图集是在中国地质调查局发展研究中心（全国地质资料馆）馆藏13万档共1.4亿件地质资料数据的梳理挖掘基础之上，系统整理出8000多档10万多件有关抗战时期的地质史料档案，从中精选百余件清晰、完整、珍贵的资料编纂而成。本图集分为三个部分。

　　第一部分是日本对中国矿产资源的觊觎与掠夺，主要包括日本把地质调查作为实施侵华的工具、日本对中国矿产资源的疯狂掠夺、侵华日军以地质调查先行服务军事行动三个方面，从多个角度展示矿产资源极度匮乏是日本侵华战争的直接动因之一。1929-1933年，世界经济危机爆发，为转嫁国内政治、经济压力，缓解资源匮乏和市场狭窄的局面，日本发动了侵略中国的战争，疯狂掠夺我国矿产资源。随着战争的扩大，其掠

夺中国资源的力度呈现不断加大之势，以达到"以战养战、以华养日"的罪恶目的，其发动侵华战争蓄谋已久，是有计划、有步骤、分阶段实施的，这些事实有力批驳了日本右翼势力肆意歪曲、否认和美化侵略战争的错误言论。

第二部分是地质矿产调查支持全面抗战，主要包括战前的准备、全面抗战时期的地质矿产调查与开发、陕甘宁边区地质矿产调查与开发、抗击掠夺资源的日寇四个方面。"卢沟桥抗战"前夕，地质先辈们开展了大量地质调查工作，并编写了调查报告，为即将到来的全面战争做预先准备。在全面抗战爆发后的战时调查阶段，地质工作者以"急就报告""地质简报"等快报形式及时提供战时所需矿产资源信息，特点是短小精悍，直接切入主题，用最短的篇幅说明哪里有矿和矿质矿量。当时的地质调查所辗转迁徙到重庆，一些地方地质调查机构在后方依然坚持地质调查。为加强战时矿产勘查工作，成立了西南矿产测勘处，在谢家荣先生领导下负责贵州、云南、四川三省矿产勘查工作，1942年改组为矿产测勘处，为抗日战争提供了资源保障。

第三部分是地质大师风范长存。该部分展现了抗战时期坚守在找矿战斗一线的地质先辈们的风采，他们始终牢记"国家现需待于吾辈学地质者甚殷"的使命，为抗战胜利作出了不可磨灭的贡献，许多人甚至献出了宝贵生命。前辈功勋彪炳史

册，英烈精神永垂不朽！

自1916年民国政府农商部设立直属地质调查局至今，中国地质调查事业已走过百余年风雨。地调百年，薪火相传，抗战精神，永不凋零。以章鸿钊、丁文江、翁文灏、李四光等为代表的地质先辈们，坚持实业报国、科学救国之路，在战乱中推动我国的地质调查从无到有，在曲折与磨难中前进发展。新中国成立之后，毛泽东曾指出"地质工作搞不好，一马挡路，万马不能前行。"地质人以高度的责任感，为国家经济建设和社会发展提供了强有力的地质支撑。改革开放以来，特别是党的十八大以来，地质人以习近平新时代中国特色社会主义思想为指导，把地质工作摆在党和国家事业发展的大局中谋划和思考，以报效国家和服务人民为己任，以地质科技进步与创新为动力，以地质人才成长与进步为支柱，以地质文化创造与传承为利器，以一往无前的气概和坚持不懈的毅力诠释了地质工作与民族同呼吸、与时代共进步的壮志。

2015年8月25日，我们在中国地质博物馆成功举办了"纪念中国人民抗日战争暨世界反法西斯战争胜利70周年地质矿产史料展"，时任国土资源部党组书记、部长姜大明，时任国务院副秘书长、国务院参事室党组书记、主任王仲伟出席开展仪式并致辞。在此次展览的基础之上，经过五年的进一步研究与挖掘，编者补充完善了许多历史地质档案与资料，编撰出版了

这本图集，以此填补我国抗日战争史研究中的一块空白。铭记历史，不是为了延续仇恨，而是唤起对和平的向往与坚守，召唤新时代地质人的初心和使命。

展览举办和图集编撰工作在自然资源部党组成员、中国地质调查局局长钟自然指导下完成。局党组副书记、副局长王研自始至终给予精心指导并亲自修改了部分内容。展览和图集编撰过程中还得到自然资源部（原国土资源部）、国务院参事室和中央文史研究馆老领导和专家的鼎力相助，他们是：宋瑞祥、夏国治、寿嘉华、汪民、张洪涛、资中筠、张元方、陈全训、张玉平、蔡克勤、赵德润、李炳华、李金发、王昆、严光生、彭齐鸣、许大纯、孙家海、夏俊、冯瑞、王少波、贾跃明、叶志斌、陈志刚、马军、余浩科、齐亚彬、谭永杰、陈开宇等。本项工作还得到中国地质调查局多家直属单位、黑龙江和辽宁等10家省级馆藏机构、江苏省博物馆及部分矿山博物馆和个人给予的诸多支持与帮助，中国地质调查局发展研究中心（全国地质资料馆）历届领导班子都给予了大力支持，在此一并表示衷心感谢。

参与展览与图集史料整理挖掘及编撰的工作人员主要分工如下：李晨阳、商云涛、王新春、于瑞洋、吴轩、李华、黄冰、强新对全国地质资料馆馆藏史料进行了系统梳理与挖掘；李晨阳、吴轩、于瑞洋、贾丽琼、商云涛、齐钒宇、朱丽丽、张阳明对展览内容进行了编撰；王新春、商云涛、李晓蕾对资料进行了相关处理；吴轩、孔昭煜、高学正负责展览过程中的相关技术工作；本图集由商云涛、贾丽琼统稿，李晨阳审核定稿。

限于编者的时间和水平，图集中可能存在不足，恳请大家提出宝贵意见，以便我们进一步修改和完善。

調查陝北油田及鑽探計畫

上篇 調查

緒言

油為國防必需之品，其重要蓋與鋼鐵油，新式軍艦之用柴油，其餘如無線電廣[...]油，為原動力，我國用油完全仰給外貨，一旦國[...]是憂。本會有鑒於此，除聘專人研究煤[...]此地質調查所考察陝北石油地質，始[...]須再精密調查及實施鑽探方能確[...]之計劃，特此發赴陝調查陝北油[...]吾道路寺以為實施鑽探之準備，[...]質情形高鑽探之根據，已[...]
[...]則勉為有報告

關採中國西南各省[...]

一、引言
[...]金為世界貴則須採[...]
城方龍

目 录

前言

第一部分

日本对中国矿产资源的觊觎与掠夺   01

一．日本把地质调查作为实施侵华的工具   04

二．日本对中国矿产资源的疯狂掠夺   25

    （一）掠夺东北地区矿产资源   27
    （二）掠夺华北地区矿产资源   34
    （三）掠夺华中地区矿产资源   36
    （四）掠夺华南地区矿产资源   37
    （五）掠夺台湾地区矿产资源   38

三．侵华日军以地质调查先行服务军事行动   40

第二部分

地质矿产调查支持全面抗战   47

一．战前的准备   50

二．全面抗战时期的地质矿产调查与开发   56

三．陕甘宁边区地质矿产调查与开发   82

四．抗击掠夺资源的日寇   86

第三部分

地质大师风范长存   91

国家兴亡　匹夫有责   92

地质先辈榜   99

第一部分

日本对中国矿产资源的觊觎与掠夺

矿产资源极度匮乏是日本侵华战争的直接动因

日本明治维新后，资本主义工业迅速发展，国内的矿产资源远不能满足工业化的生产需求（日本原材料和能源的对外依赖度为84%，其中铝100%、镍100%、磷100%、石油99.7%、天然气94.5%、铁矿石99.6%、铝矾土100%、煤85.1%、铅84.9%、锌66.9%——据1930年统计数据），很早就把侵略的目光投向资源丰富的中国。

明治天皇统治集团早在甲午战争前就制定了扩张计划，实施"大陆政策"，"第一征服台湾，第二征服朝鲜，第三征服满蒙，第四征服中国，第五征服南洋、亚洲，乃至全世界"。

1929-1933年爆发世界性经济危机，为转嫁国内政治、经济压力，缓解资源匮乏和市场狭窄的空前压力，日本策划发动了侵略中国的战争，掠夺中国丰富的矿产资源。随着战争的扩大，其掠夺中国资源呈现不断加强之势，以达到"以战养战、以华养日"的目的。

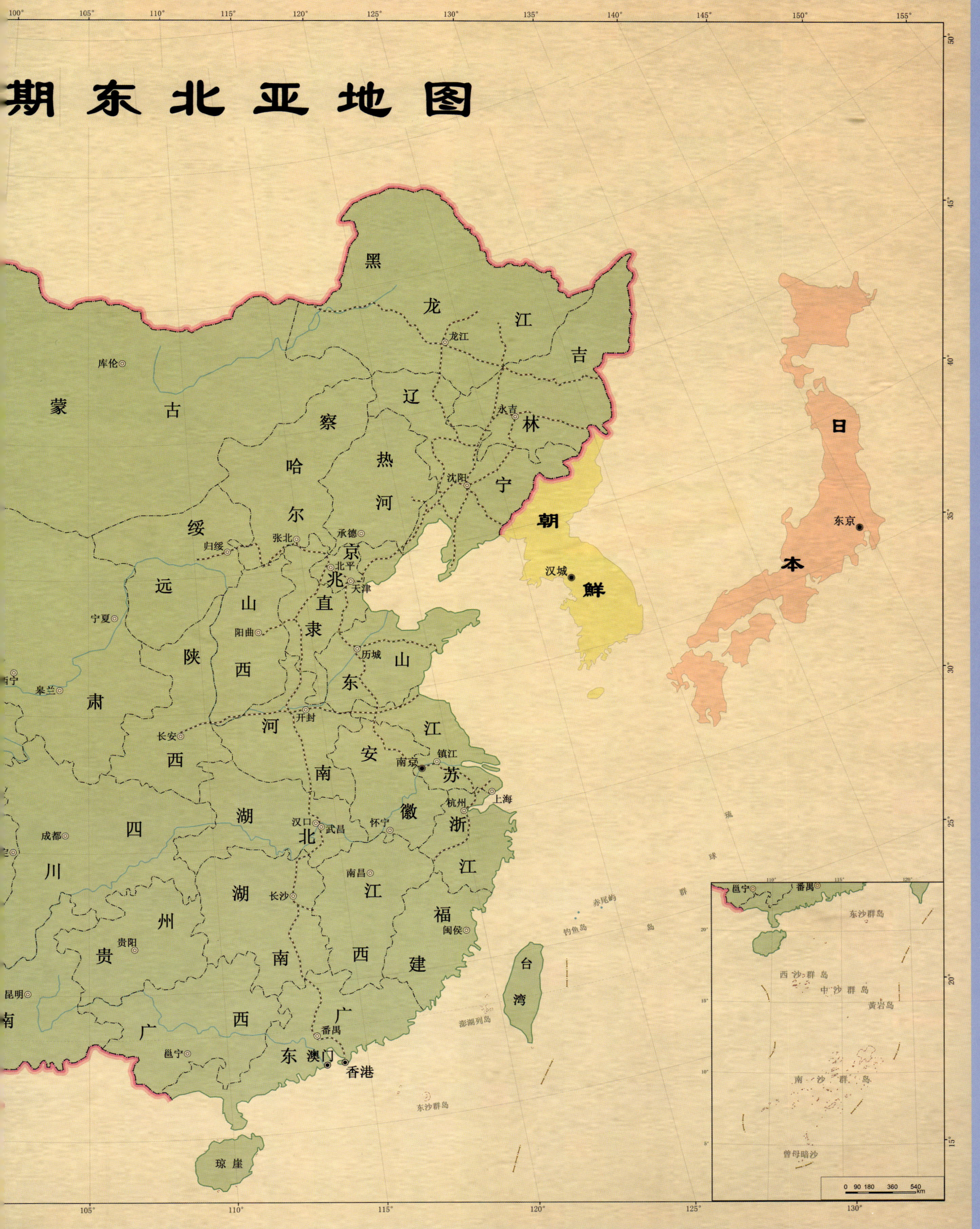

第一部分 日本对中国矿产资源的觊觎与掠夺

一 日本把地质调查作为实施侵华的工具

日本侵华蓄谋已久和处心积虑，在地质矿产调查领域表现得极为充分，具体体现就是配合战争的策划和实行，有计划有步骤、周密翔实地进行资源调查，每一个时期的调查都是为扩大侵略和资源掠夺收集与积累情报。通过研究馆藏资料，发现日本在华矿产资源调查与掠夺分为三个时期。

1．甲午战争至"九一八事变"

甲午战争后，日本对我国公开进行地形及地质矿产调查，霸占抚顺煤田，开发鞍山铁矿，建立昭和制铁所，伺机调查"北满"及"东蒙"资源。

2．"九一八事变"至"七七事变"

"九一八事变"后，日本在东北的资源调查更加疯狂，关东军与"满铁"勾结，进行所谓的"国防资源调查"，同时将地质调查工作范围进一步向我国热河、华北和东部沿海地区延伸。

3．"七七事变"至抗战胜利

全面侵华后，日本在占领区全面进行煤、铁、金等资源调查，劫夺我国矿山。

根据1928年（民国十七年）底图整理修编

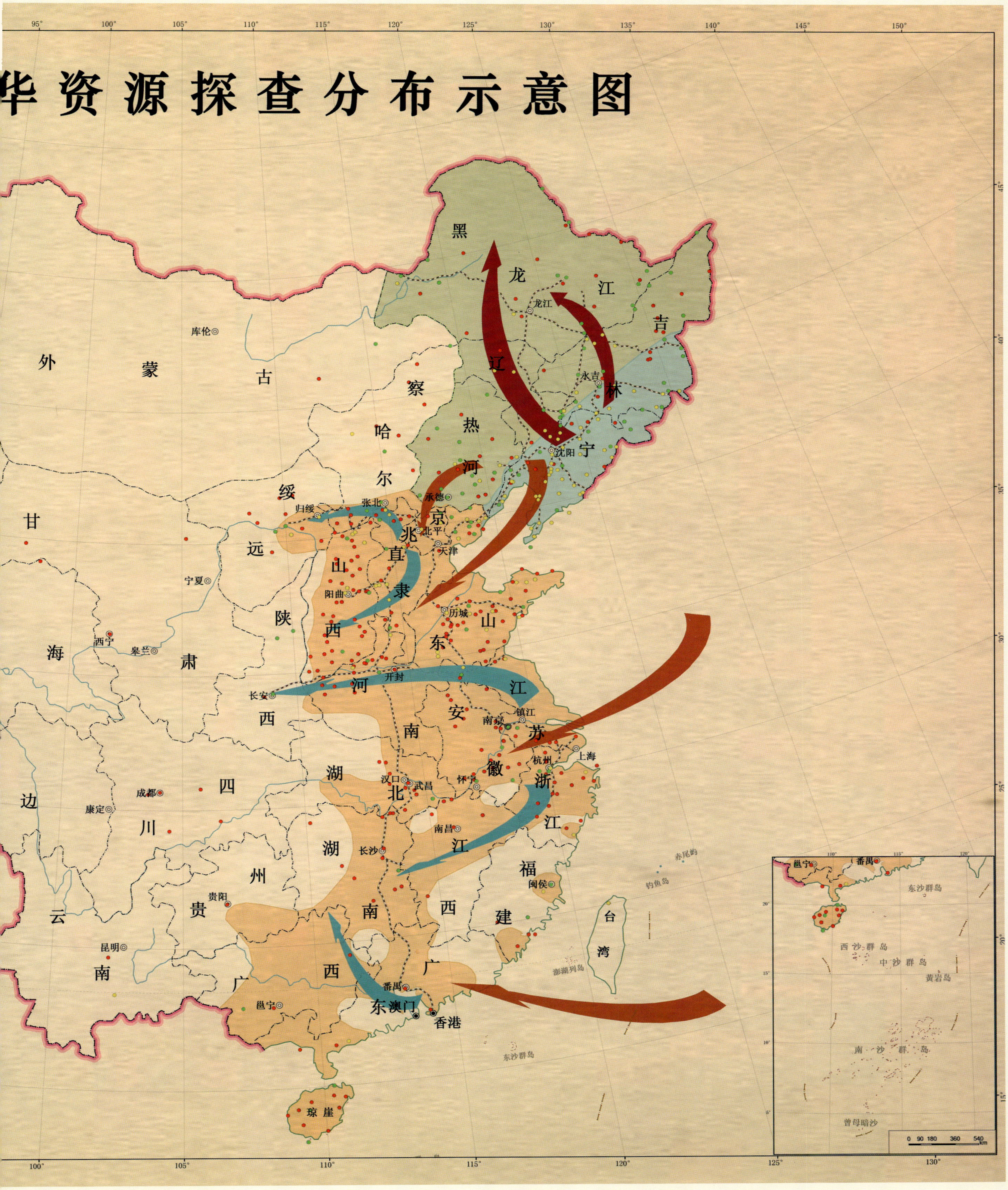

日本把地质调查作为实施侵华的工具

华资源探查分布示意图

第一部分 日本对中国矿产资源的觊觎与掠夺

"满铁"地质调查所

日本在华实施地质调查的机构

日本在华实施地质调查的机构分三类：一是在军事机关直接设置；二是"国策会社"直接设立；三是两者联合组建。

最臭名昭著的是"南满洲铁道株式会社"（简称"满铁"），1907年开始营业。它是日本帝国主义经营我国东北的"国策会社"，通过下设的各分支机构，对我国进行经济掠夺、政治扩张、文化渗透，配合侵华日军进行了大量的罪恶活动。

1907年"满铁"设立之初，就在矿业部下设置地质课，后改组为地质调查所。"满铁"地质调查所协助日本关东军进行了砂金探查、国防资源调查、热河资源调查、兵要给水调查，协助中国驻屯军开展乙嘱托班调查等大型调查活动。据统计，"满铁"共进行矿产地质调查3000多处，采集矿物标本11万件，形成报告2300多份。地质调查所的资源调查，为日本帝国主义掠夺中国东北资源奠定了基础，为"满铁"分阶段的"开发"掠夺提供了第一手资料。

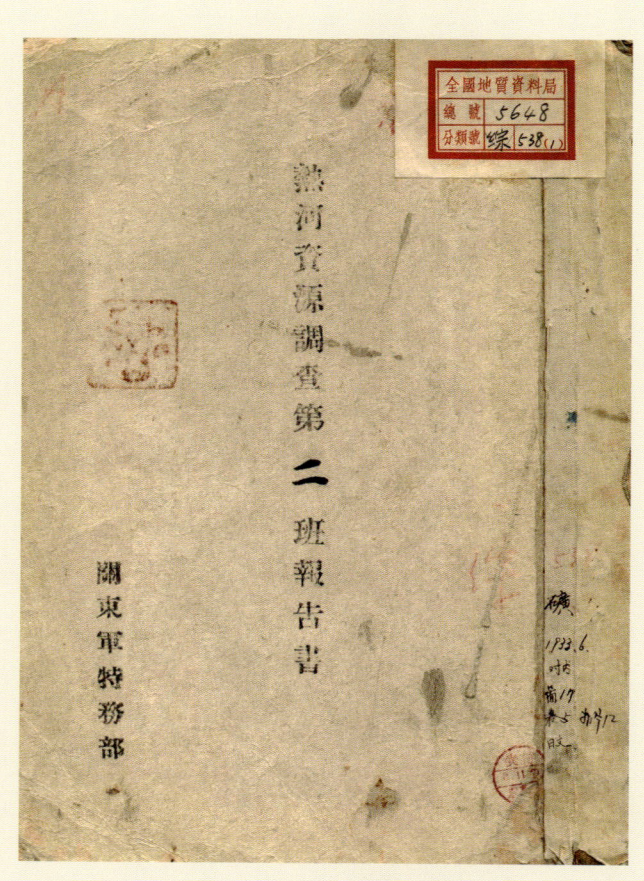

关东军特务部编制的《热河资源调查第二班报告书》

除地质调查所外，"满铁"还有经济调查会、产业部及驻华各事务所等机构参与侵华资源探查活动。

一、日本把地质调查作为实施侵华的工具

除"满铁"外,日本在华还有一批"国策会社"和政府机构参与资源探查,主要有"北支那"开发株式会社、华中矿业股份有限公司和日本"兴亚院"。

侵华日军除犯下发动战争、杀人放火等滔天罪行外,在整个侵华过程中还经常亲自上阵,组织资源探查并开发,为军国主义集团牟利。在馆藏资料中,发现有相当一部分报告的形成单位是日本军事机关或隶属军事机关的地质调查单位。

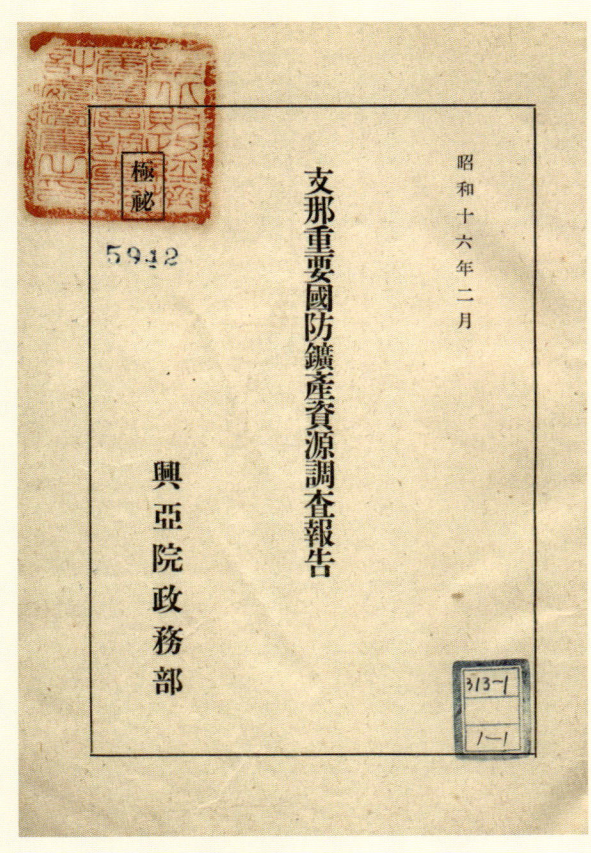
"兴亚院"政务部"《支那重要国防矿产资源调查报告》"

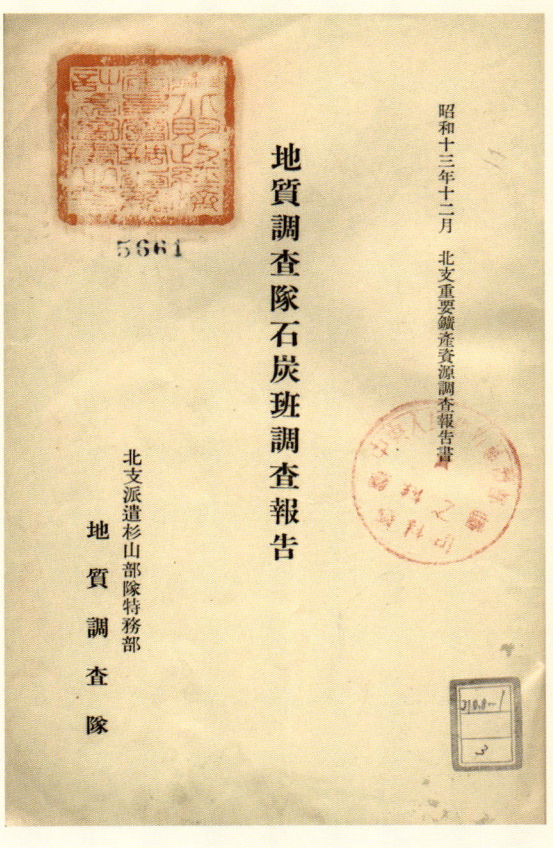
"北支"派遣杉山部队特务部《地质调查队石炭班调查报告》

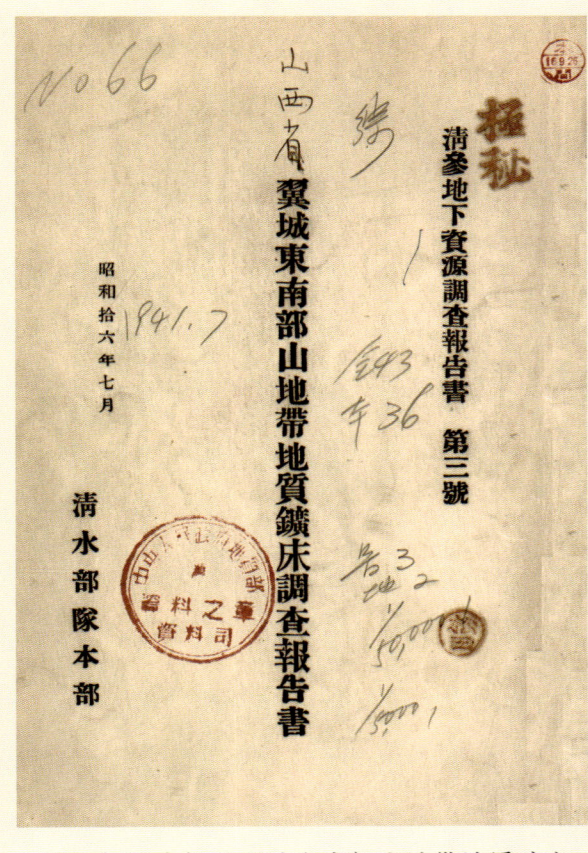
清水部队本部《翼城东南部山地带地质矿床调查报告书》

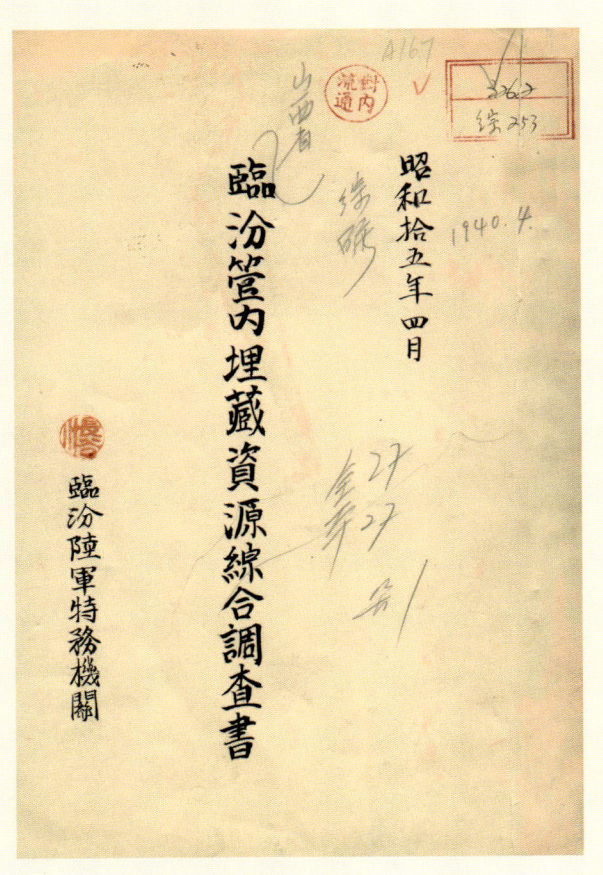
临汾陆军特务机关《临汾管内埋藏资源综合调查书》

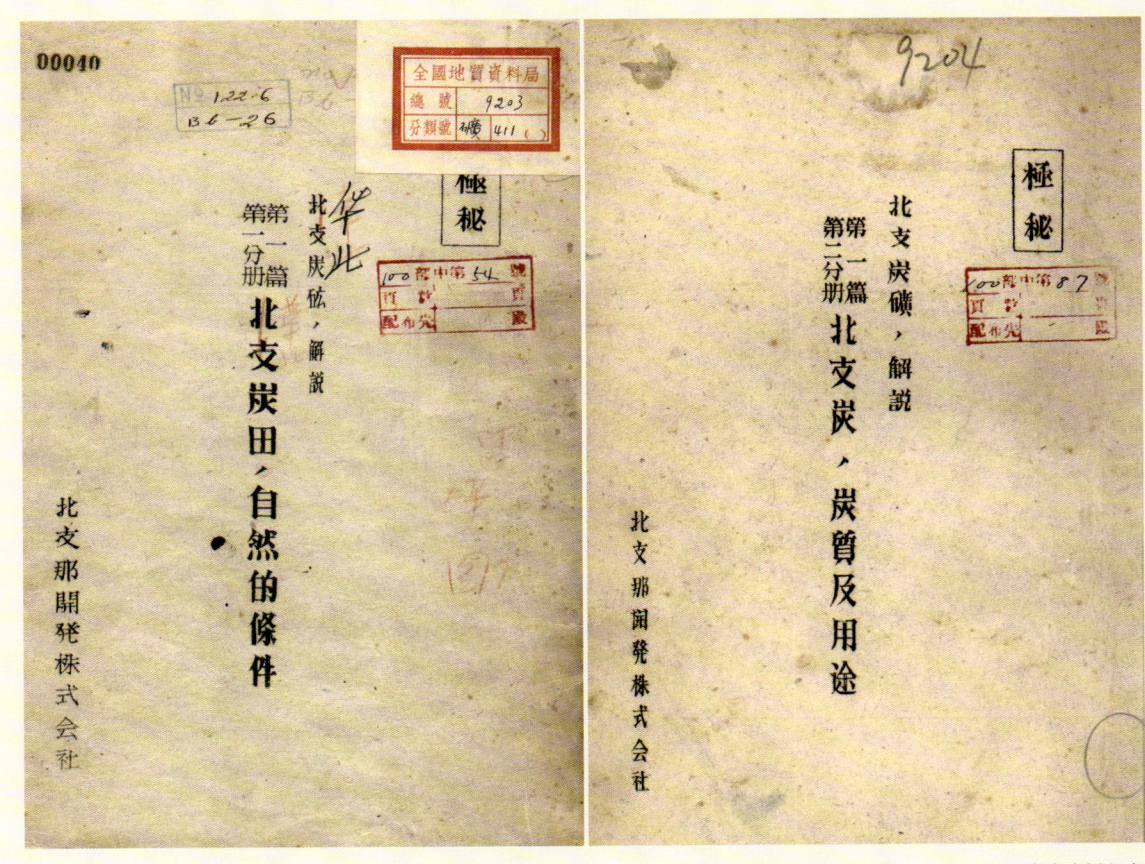
"北支那"开发株式会社(华北开发有限公司)"《北支炭矿系列解说》",全国地质资料馆存有27册

第一部分 日本对中国矿产资源的觊觎与掠夺

辽东半岛、河北和山东等地的大规模地质矿产调查

日本在中日甲午战争之前就对我国做过大范围的侦察。甲午战争后相对集中在我国北方地区开展以煤炭资源为主的调查活动，日俄战争后，日本获得在我国辽东半岛部分地区的特权，公开进行了大规模的矿产资源与产业调查。

1906年6月由日本非法在我国辽东半岛设立的"关东州都督府"形成的"《满洲产业调查资料》"中的沙河子炭田地质略图

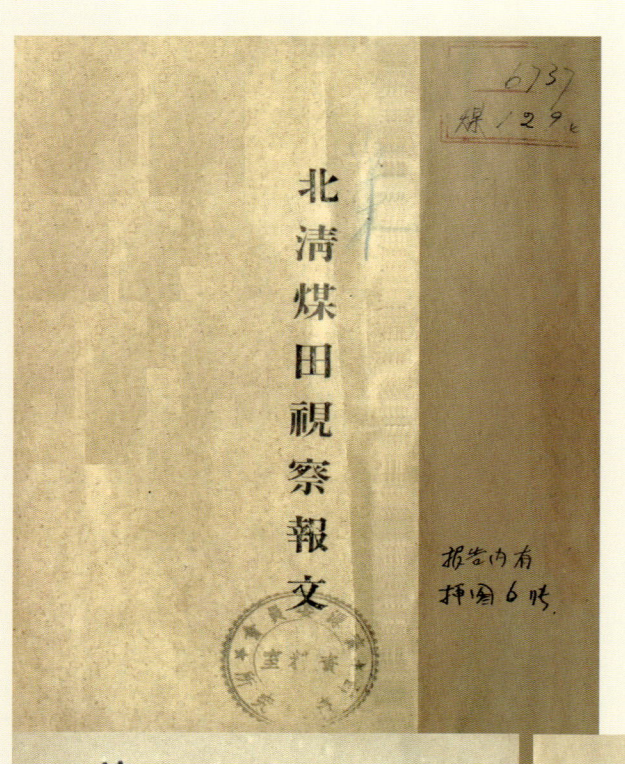

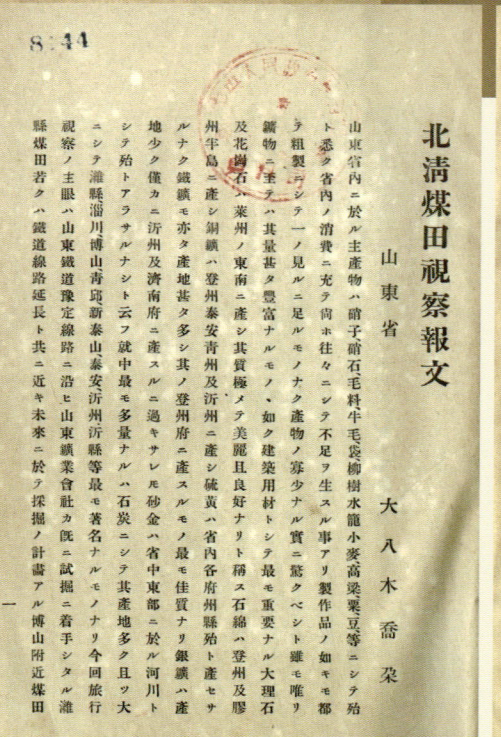

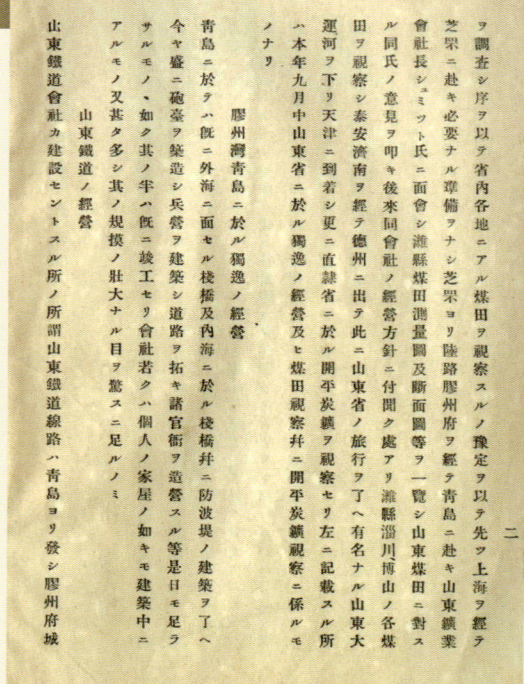

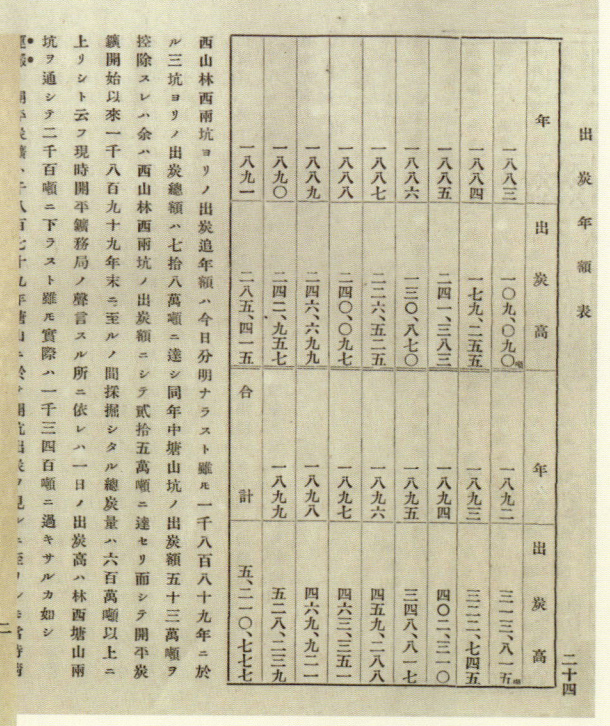

1902年形成的《北清煤田视察报文》

日本把地质调查作为实施侵华的工具

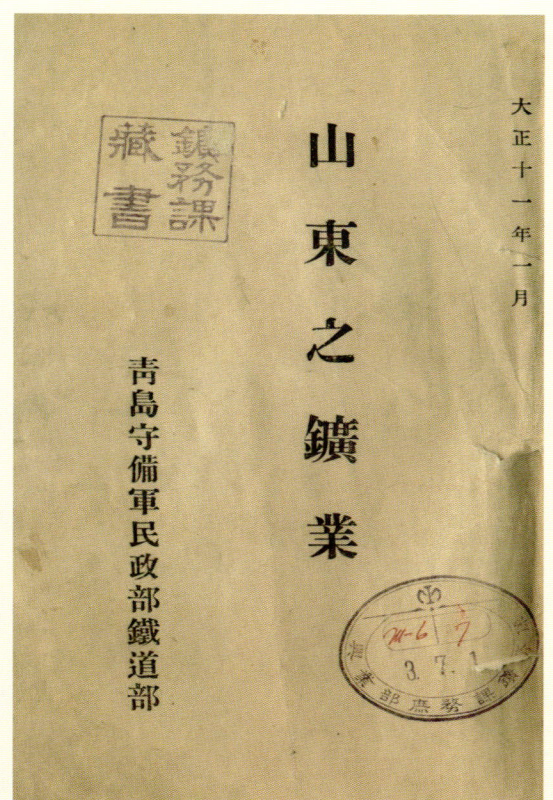

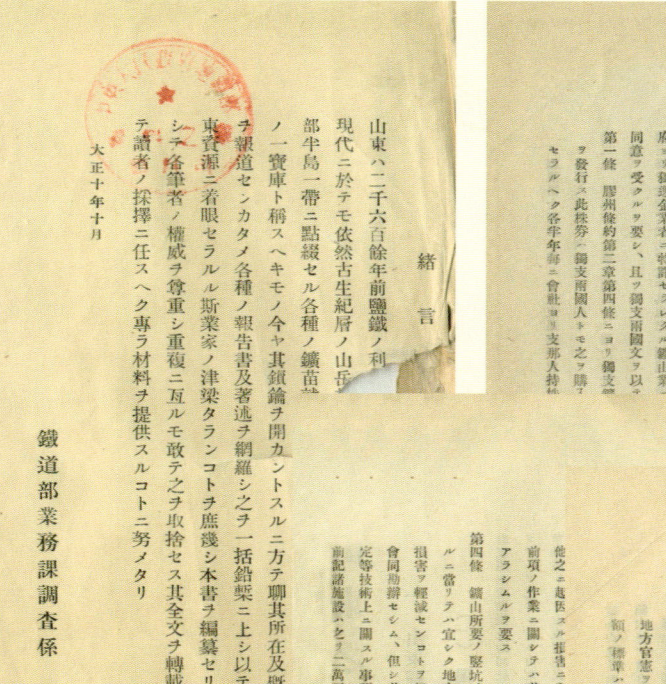

1922年形成的《山东之矿业》

内蒙古东部及"北满"地质矿产调查

1916年后,日本利用欧洲列强忙于欧洲大战、无暇东顾的机会,开始组织调查队对"北满"及内蒙古东部地区开展调查,为扩大侵略收集情报。这类调查一直延续到"九一八事变"之前,调查范围北至满洲里一线,西至土默特旗一带。

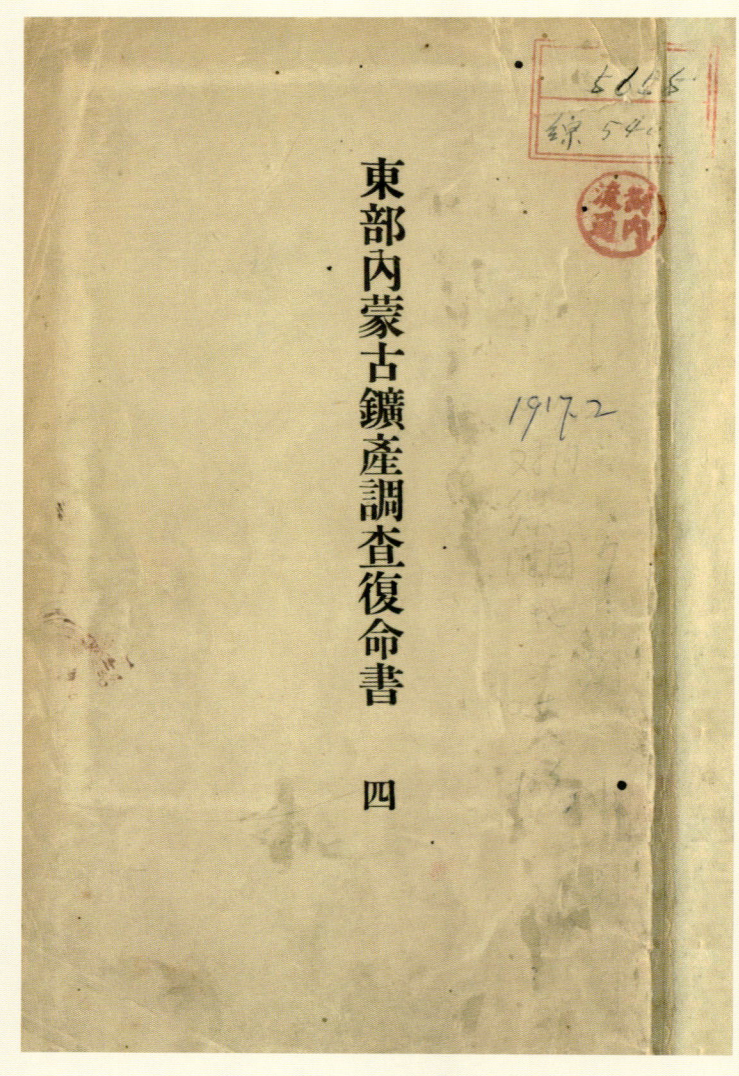

《东部内蒙古矿产调查复命书》及图版

> 日本把地质调查作为实施侵华的工具

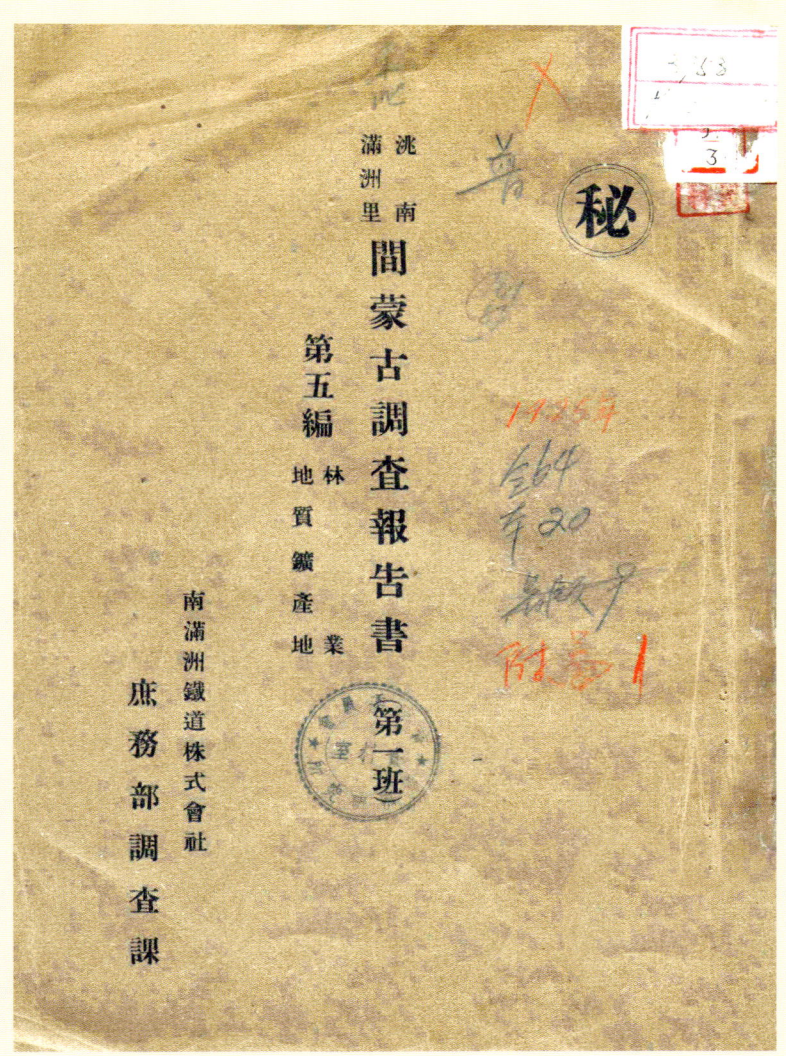

《洮南满洲里间蒙古调查报告书》及图版

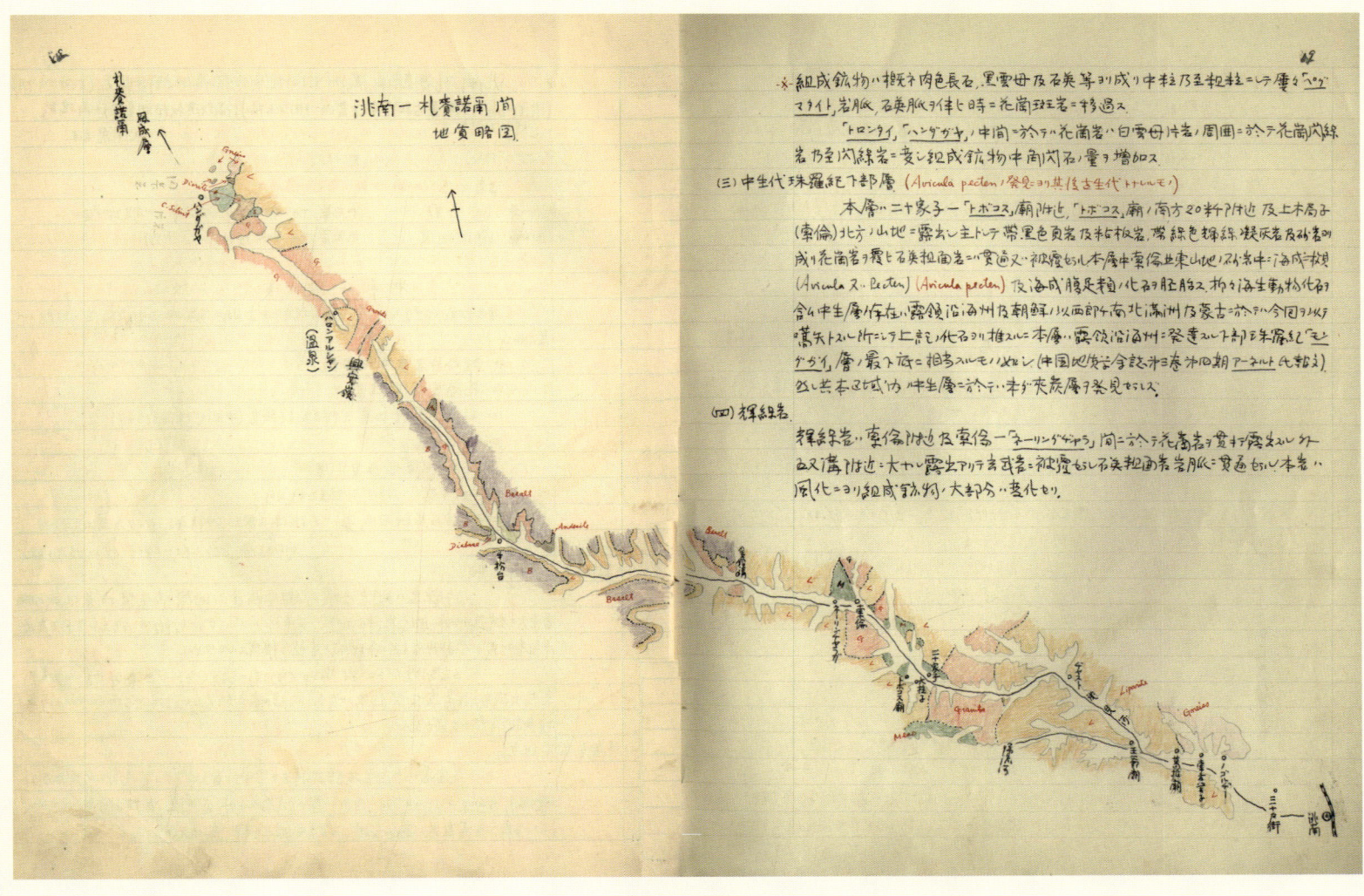

洮南至扎赉诺尔间地质略图

热河地区地质矿产调查

"九一八事变"后,为扩大侵略,日本关东军特务机关组织开展了热河资源调查。来自"满铁"、旅顺工科大学、关东厅(日俄战争后,日本在辽东半岛设立关东州都督府,之后由都督府民政部设立关东厅)等的调查人员被编成了5个班,分别对矿产、农畜产、林产和经济进行概查。他们于4月12日从长春出发,做了大约40天的资源调查。在此期间,由于受到当地中国人民的强烈抵制,没有完全达到预期目的。

热河资源调查的内容非常广泛,除地质、矿产外,还包括农牧业、民风民俗及人类学调查。

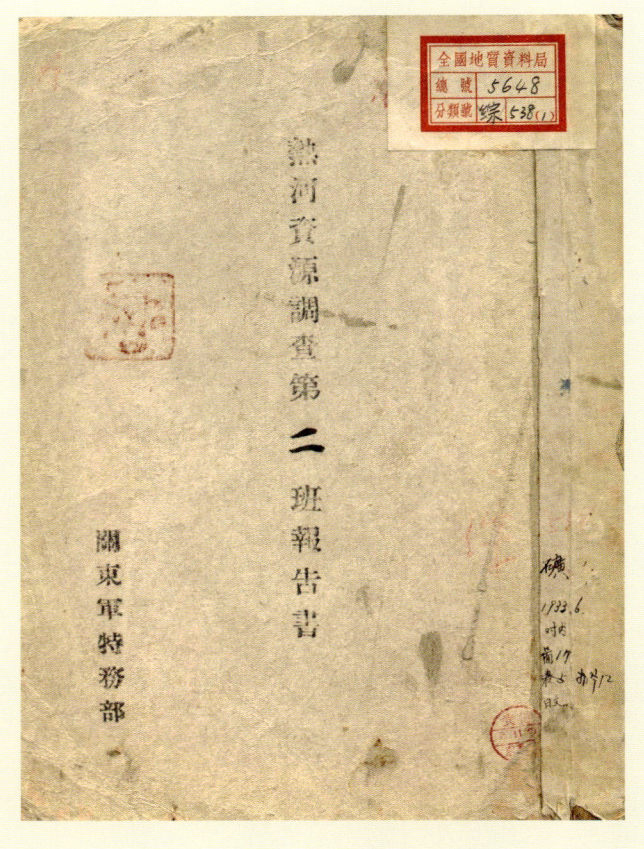

关东军特务部《热河资源调查第二班报告书》,目录说明本次调查涉及热河地区的矿产、农业、畜产、经济和行动日志

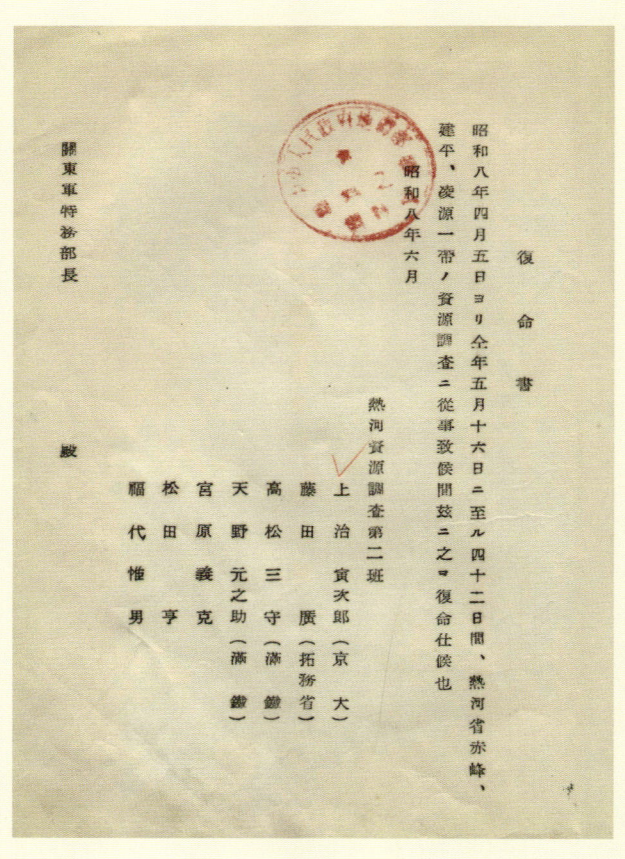
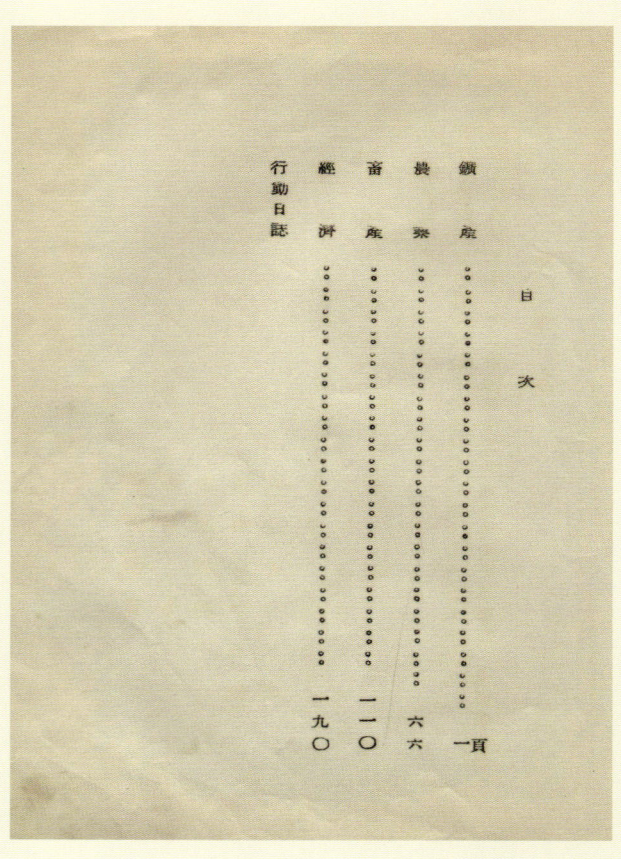

日本把地质调查作为实施侵华的工具

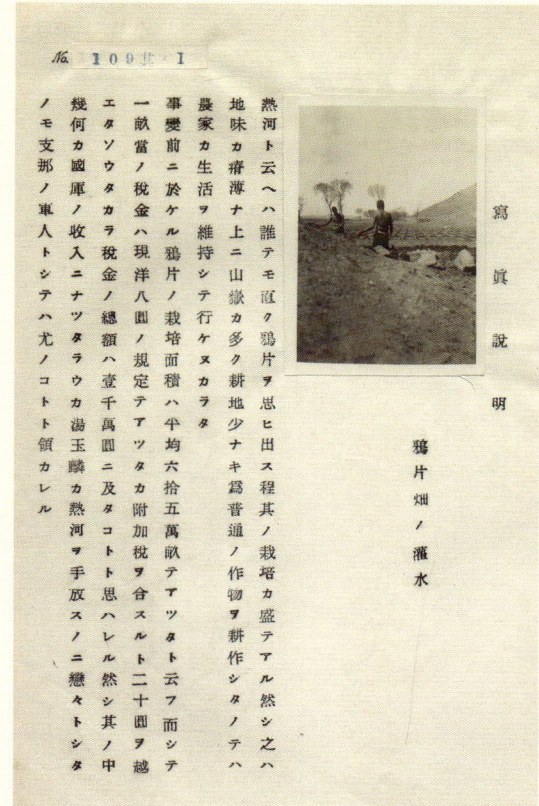

记述热河地区的鸦片种植情况

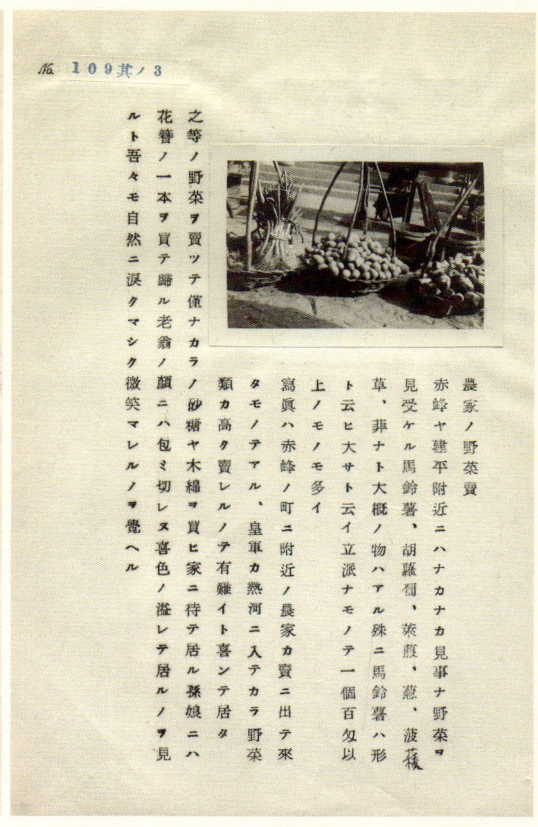

记述热河地区农家野菜贩卖价格

《热河资源调查第二班报告书》图版
1. 调查队员与所乘飞机合影；
2. 与赤峰地区农民合影（A．山东移居赤峰5代的汉人农民一家）；
3. 与赤峰地区农民合影（B．蒙古族农民）

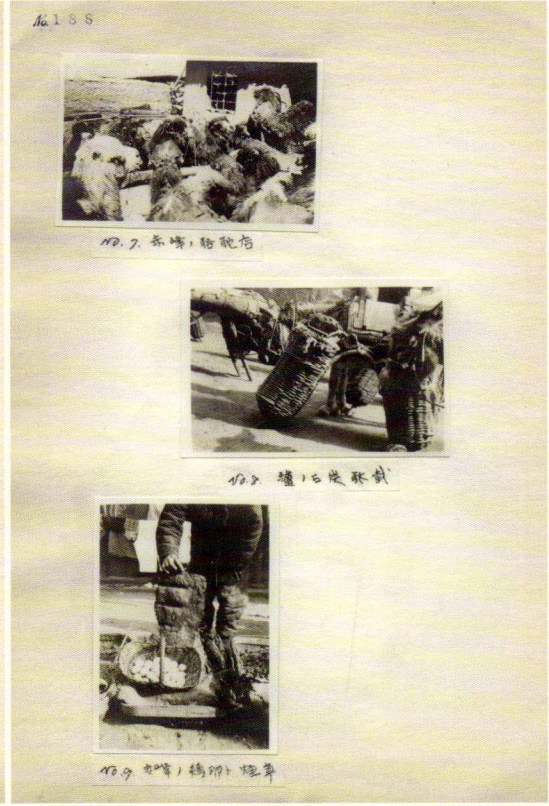

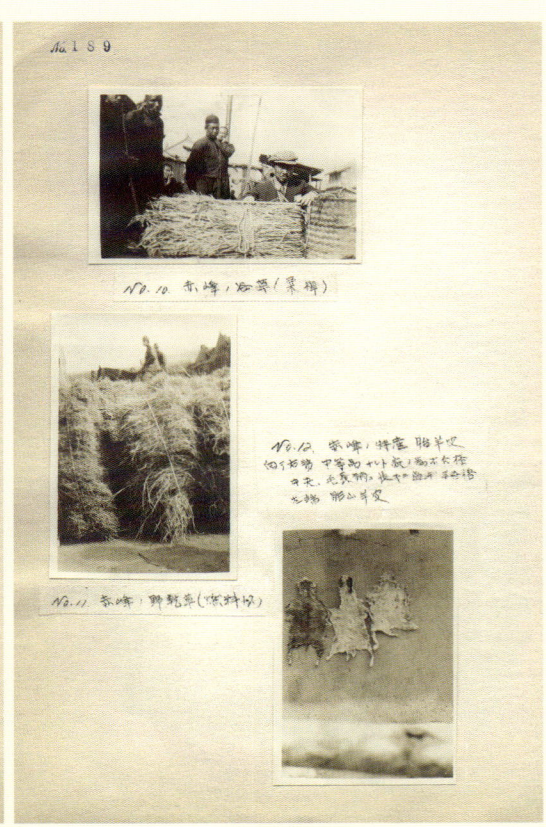

《热河资源调查第二班报告书》图版

关东军与"满铁"勾结在东北开展"国防"资源调查

经关东军的精心策划,在"满铁"的大力协作下,成立了"国防资源调查部",全面展开对东北的煤炭、铁矿、石油、银矿等"国防"资源的调查。该调查部由6个调查班组成,即第一班铁矿调查班,第二班铝矿调查班,第三班石油及油页岩调查班,第四班煤炭调查班,第五班银、铅、亚铅矿调查班,第六班杂矿调查班。

关东军、"满铁"和陆、海军四方就如下事宜达成了协议:一是这次东北"国防"资源调查的费用全部由"满铁"承担;二是要对矿产埋藏资源的情况进行详细的书面说明;三是在"调查"过程中所有事宜都由关东军来领导,并采取对关东军"无条件服从"的原则。

1932年6月16日,关东军参谋长桥本虎之助致电"满铁"经济调查会委员长石河信二,将关东军司令本庄繁于6月14日制定的"国防资源调查员业务要领"向"满铁"进行传达。该要领指出:"此次调查之目的,对国防上所必需的铁矿、铝矿、石油及油页岩等展开第一阶段的调查,以便在第二阶段进行更为周密的调查。"

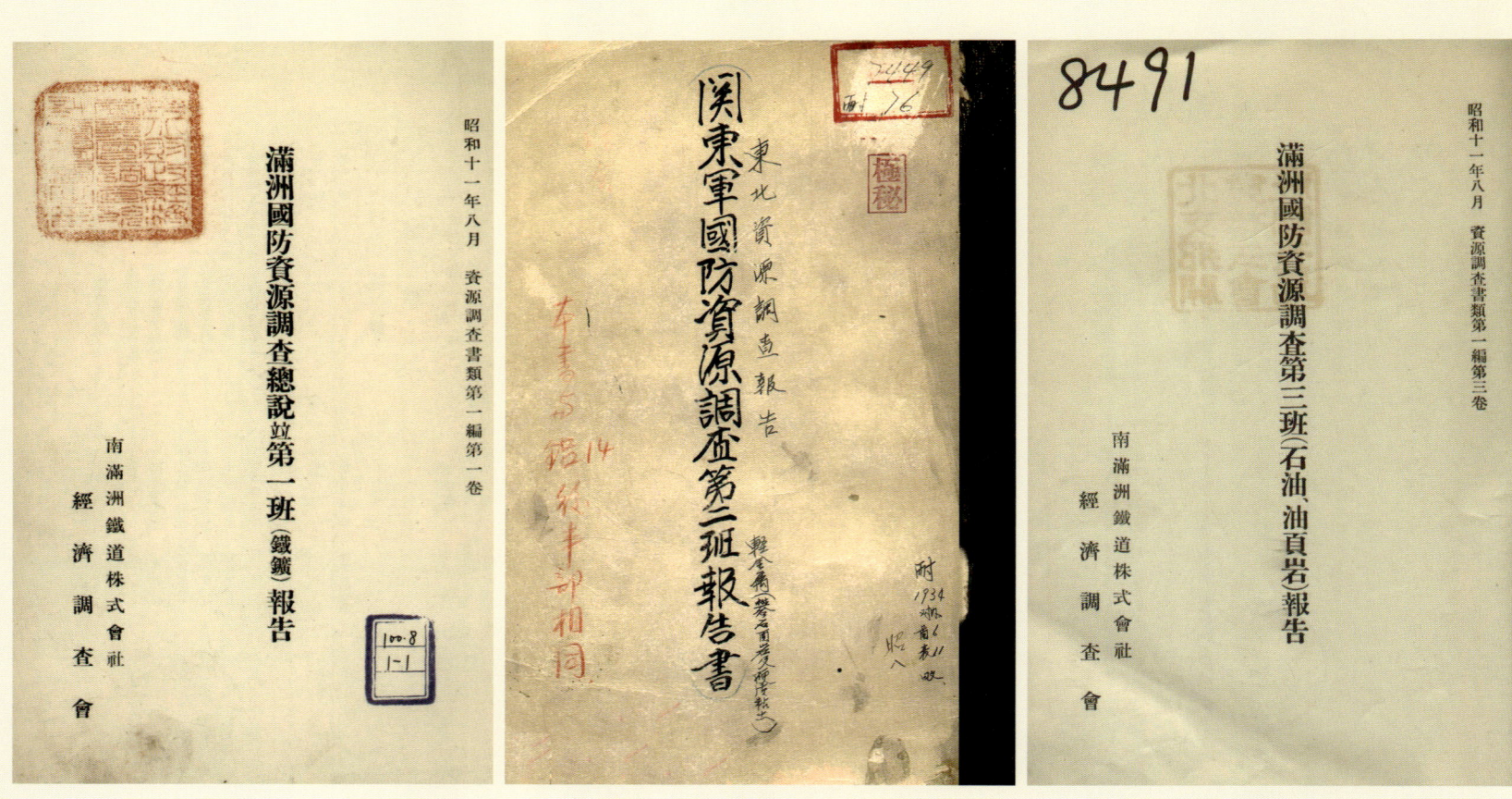

"满洲国防资源调查"矿产报告

一 日本把地质调查作为实施侵华的工具

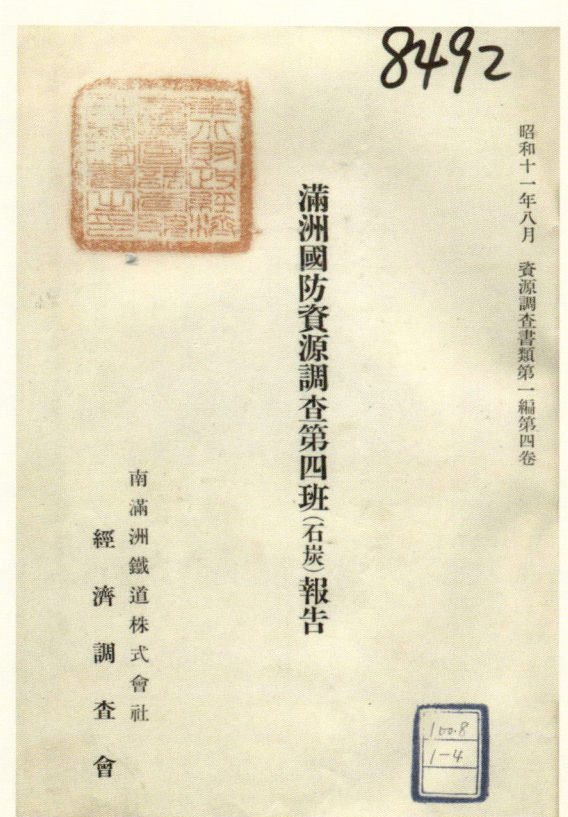
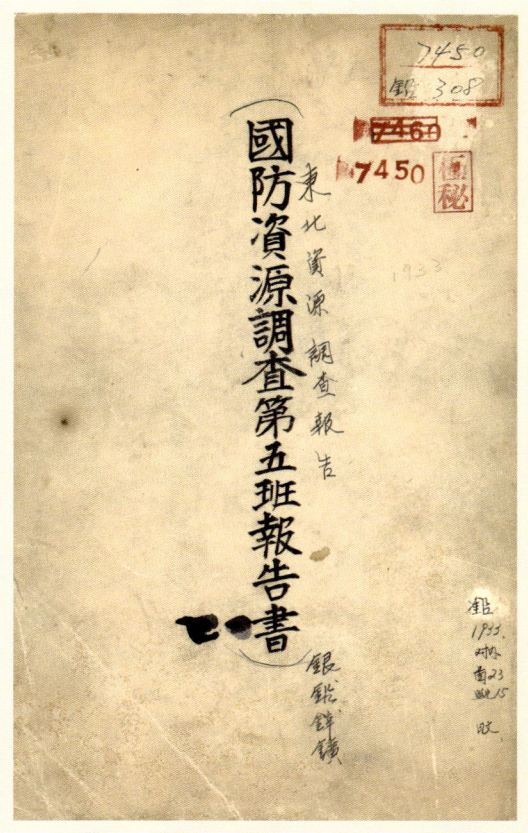
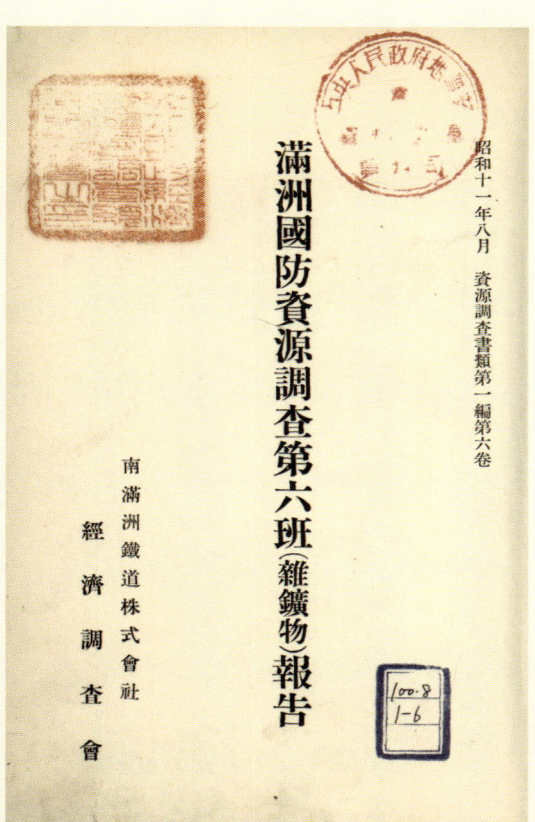

"满洲国防资源调查"矿产报告

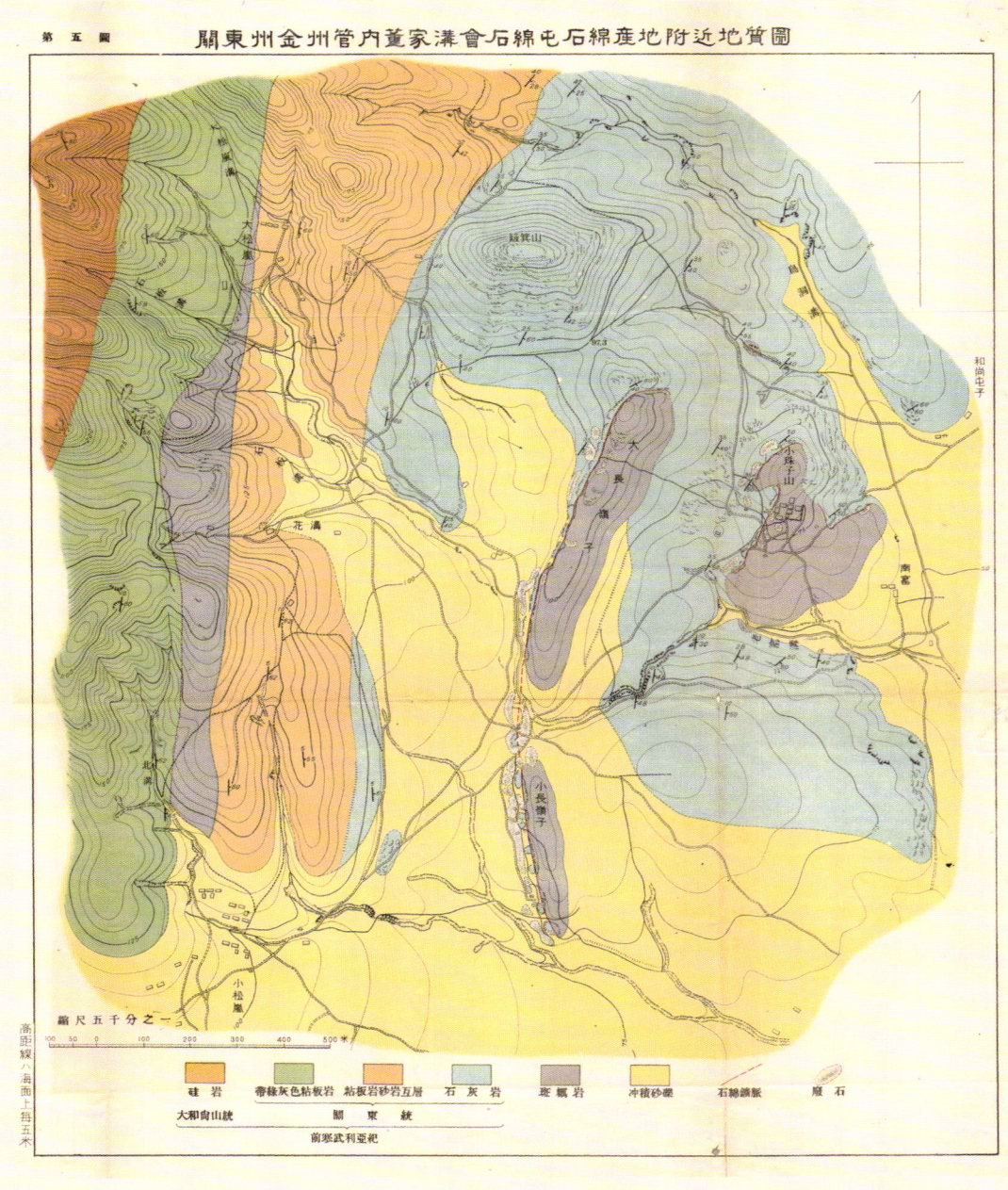

关东州金州管内董家沟会石棉屯石棉产地附近地质图

第一部分 日本对中国矿产资源的觊觎与掠夺

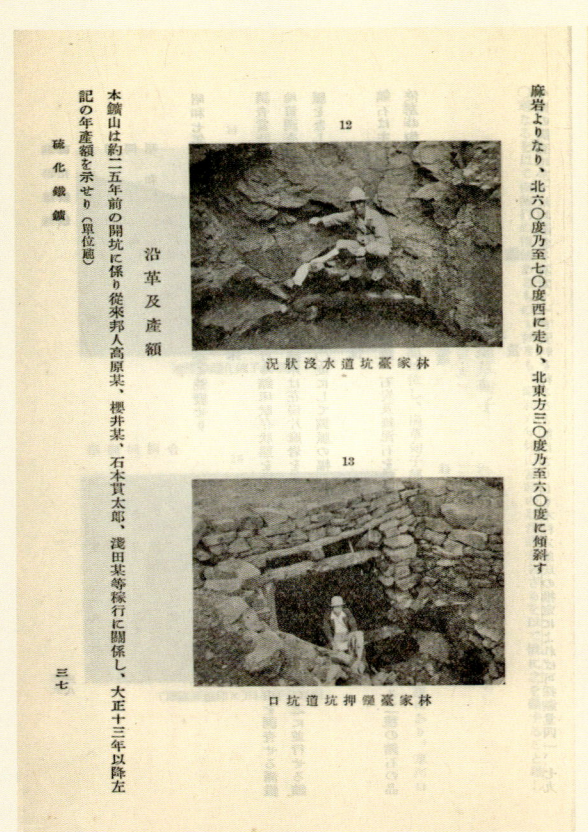
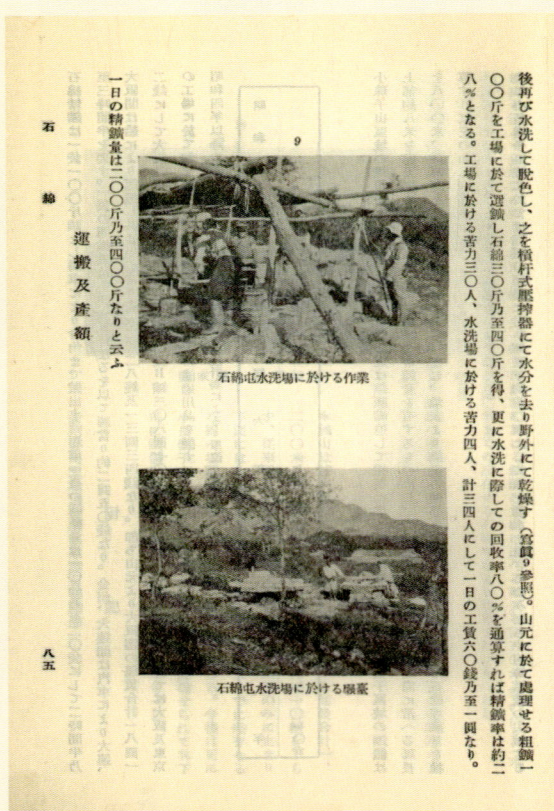

"满洲国防资源调查"矿产报告图版

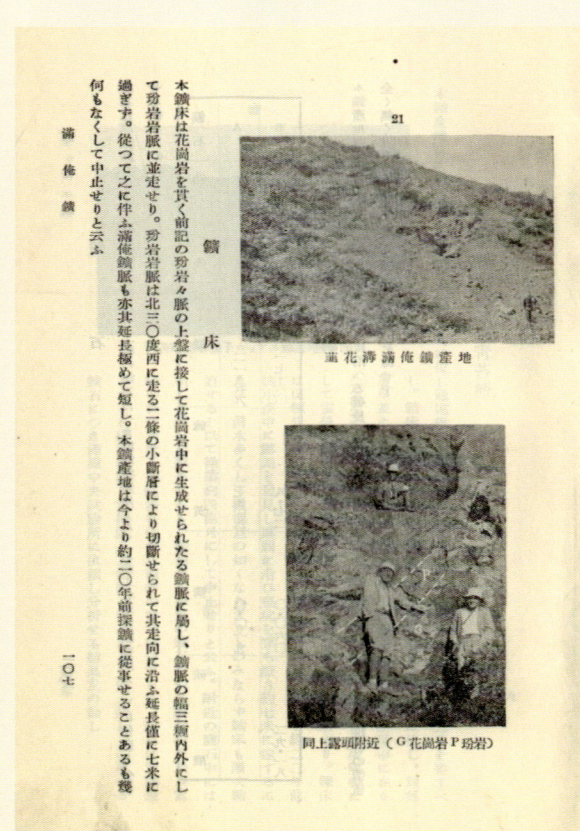

"满洲国防资源调查"矿产报告图版

一 日本把地质调查作为实施侵华的工具

调查人员分6个班,由关东军秘密挑选,主要有三个部分:一部分是陆海军的高级将领;一部分是"满铁"的高级技术人员;第三部分是日本国内知名工科大学的教授。"国防资源调查"从1934年开始实施,1935年结束。

全国地质资料馆收录了所有六个班的报告。

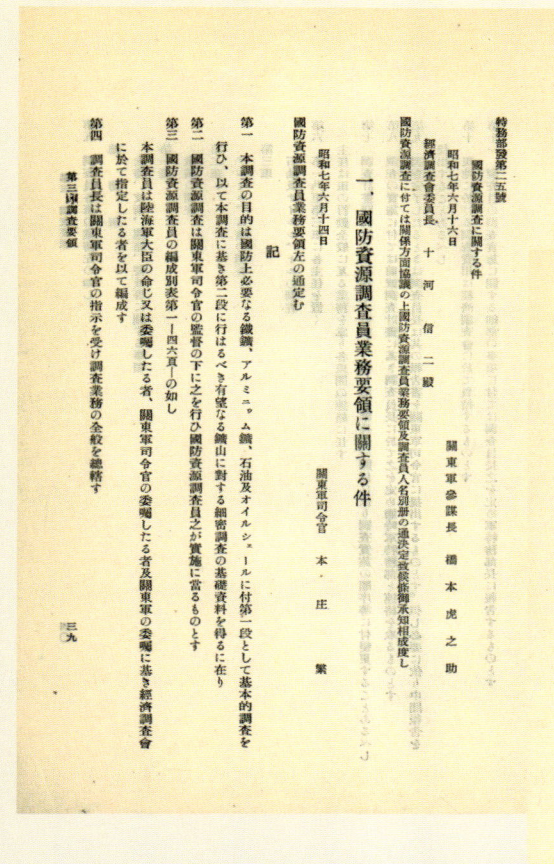
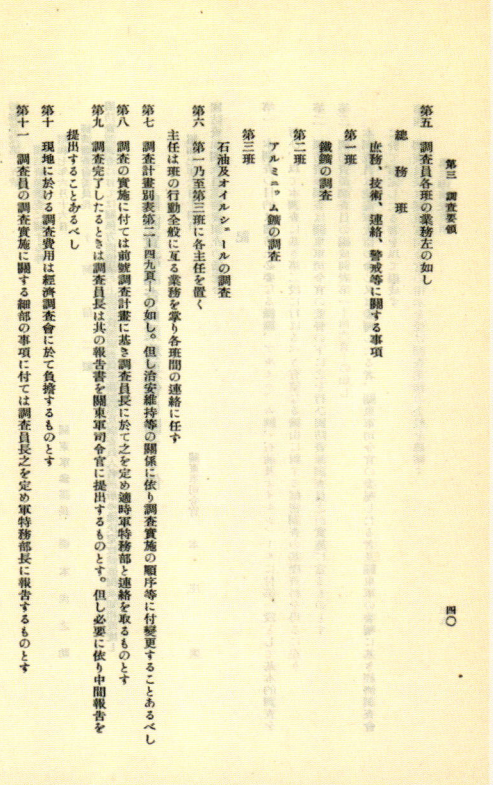
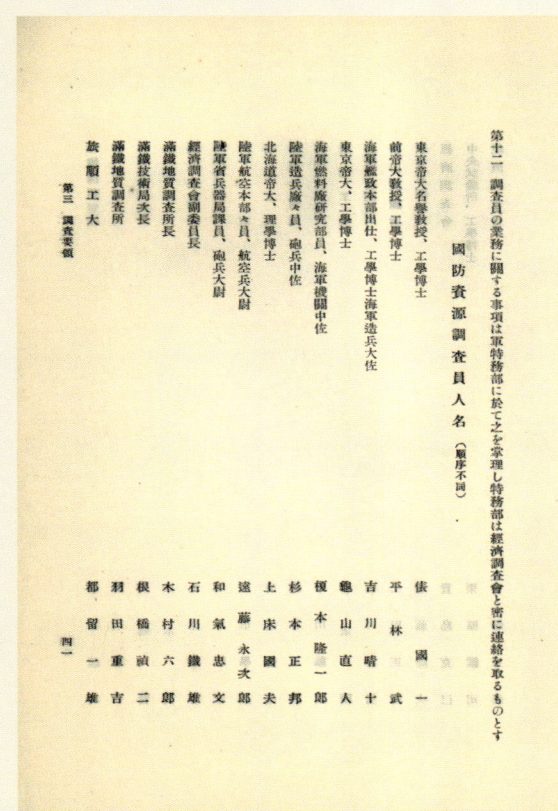
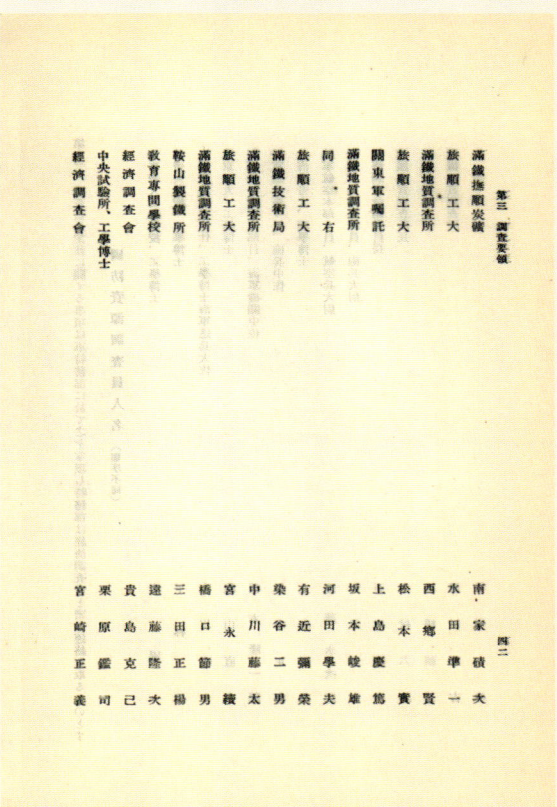
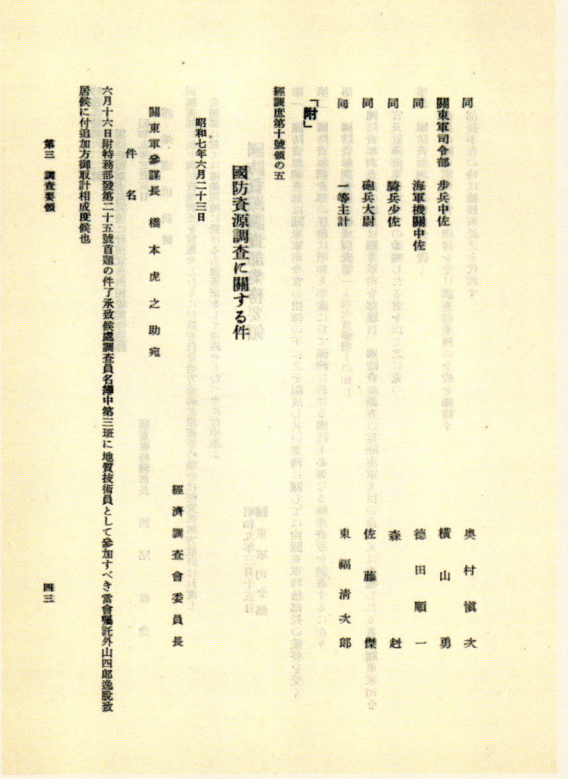

"满洲国防资源调查"矿产报告中调查人员名单

第一部分 日本对中国矿产资源的觊觎与掠夺

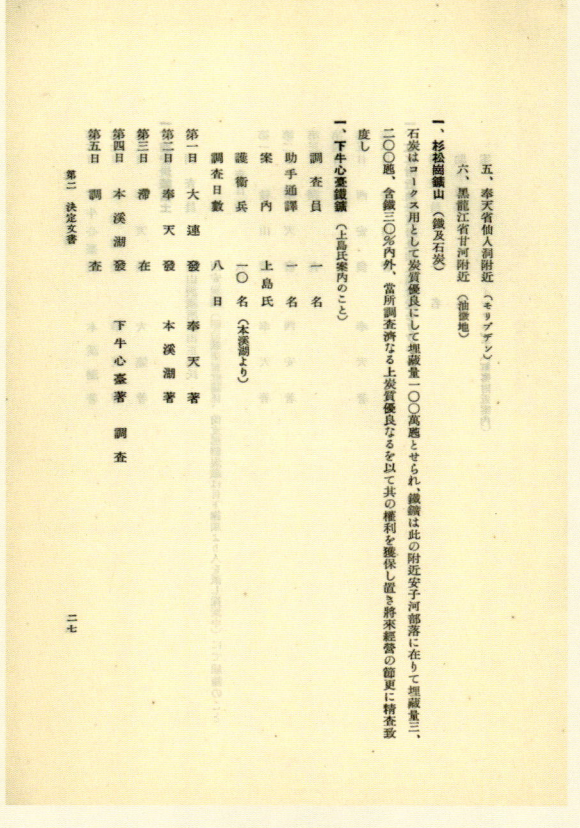
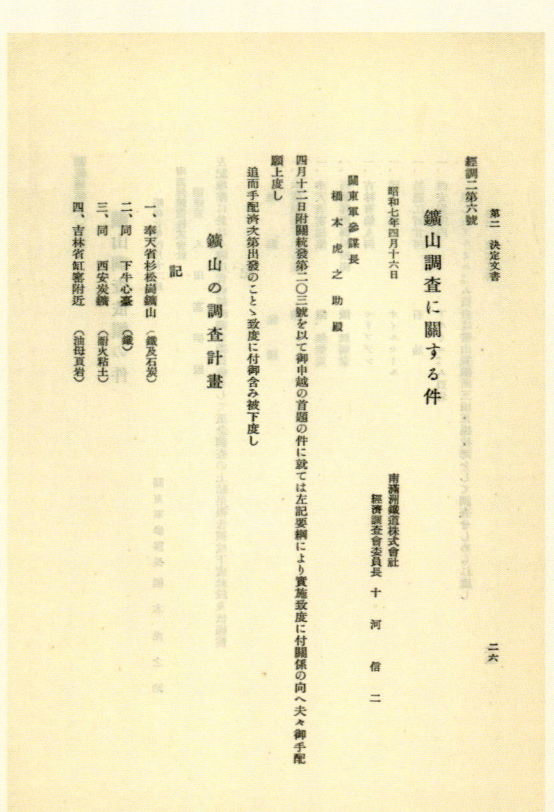
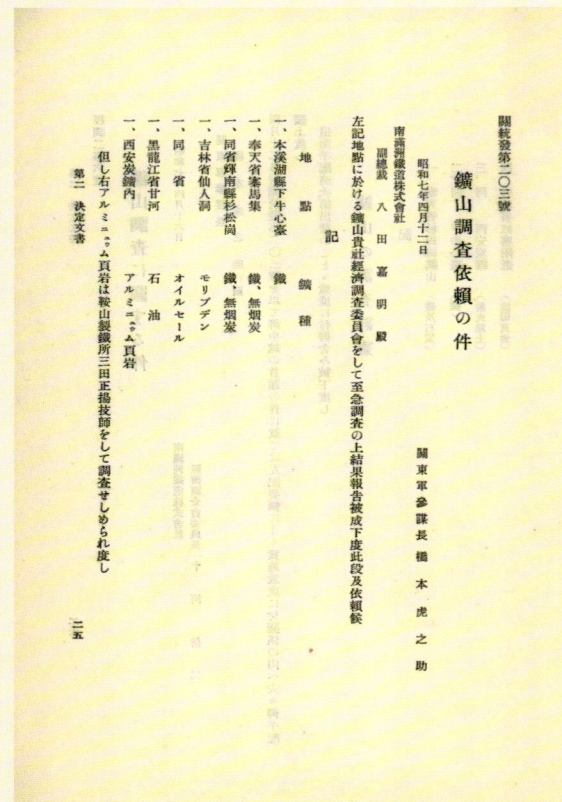

矿山调查相关文件

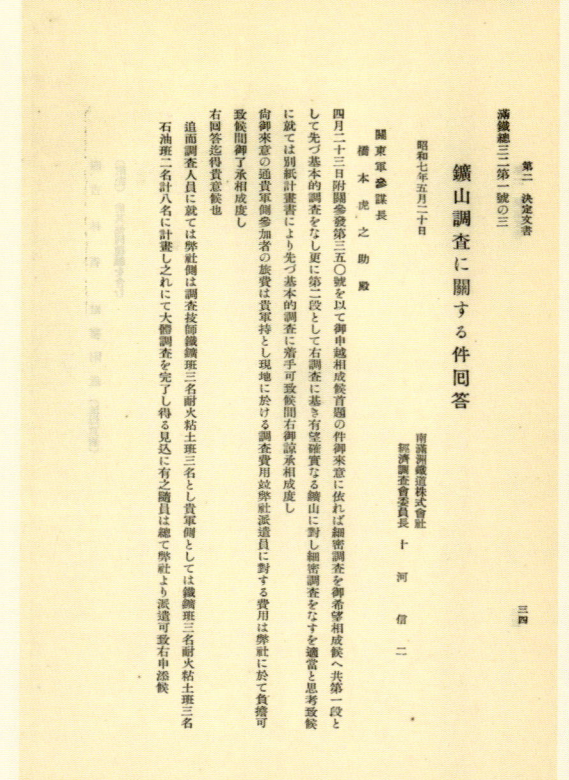

同上露头附近（G 花崗岩 P 玢岩）

石綿屯水洗場に於ける作業

口坑道坑押鹽臺家林

日本"驻屯军"矿产资源调查

从1936年开始,"支那驻屯军"乙嘱托班在我国华北地区开展了大规模的摸底式矿山调查,为发动战争及其后的矿山劫夺提供参考。

嘱托班制度是二战时日本在华设立的委托调查制度,即由日本军队直接委托"满铁"等机构开展调查工作。乙嘱托班是"满铁"以经济调查会为中心,动员各部门组成,设有总务班、矿山班、工业班、港湾班、铁道班、经济班。其中矿山班负责调查河北、山西、绥远、山东等地的矿产资源情况。

"满铁"在华北开展的调查活动历时数年,其调查种类繁多,大到国家政策,小到人民生活中的柴米油盐,可谓事无巨细,形成了大量的调查报告,成为日本军方占领华北的重要参考。

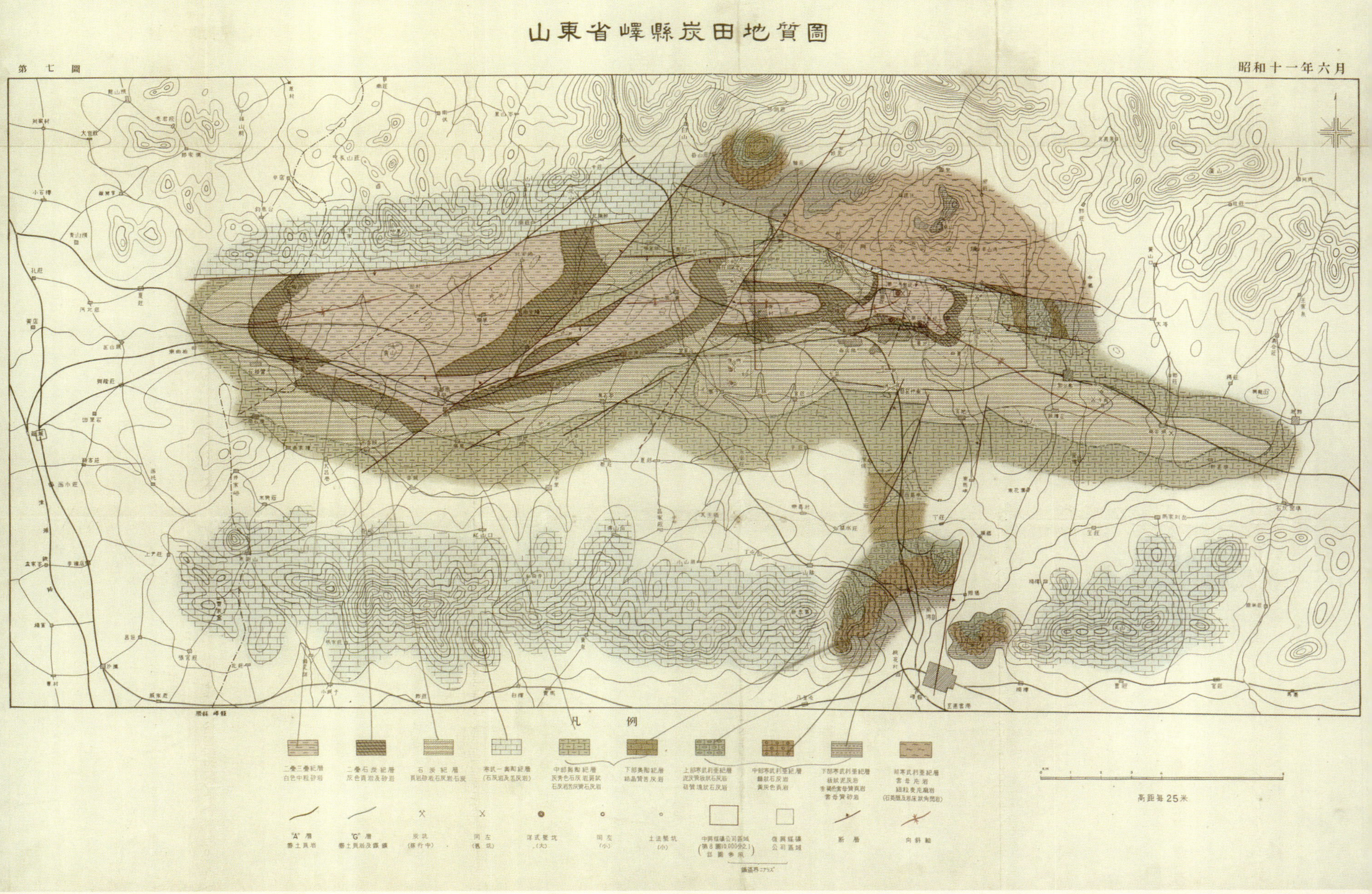

山东省峄县炭田地质图

第一部分 日本对中国矿产资源的觊觎与掠夺

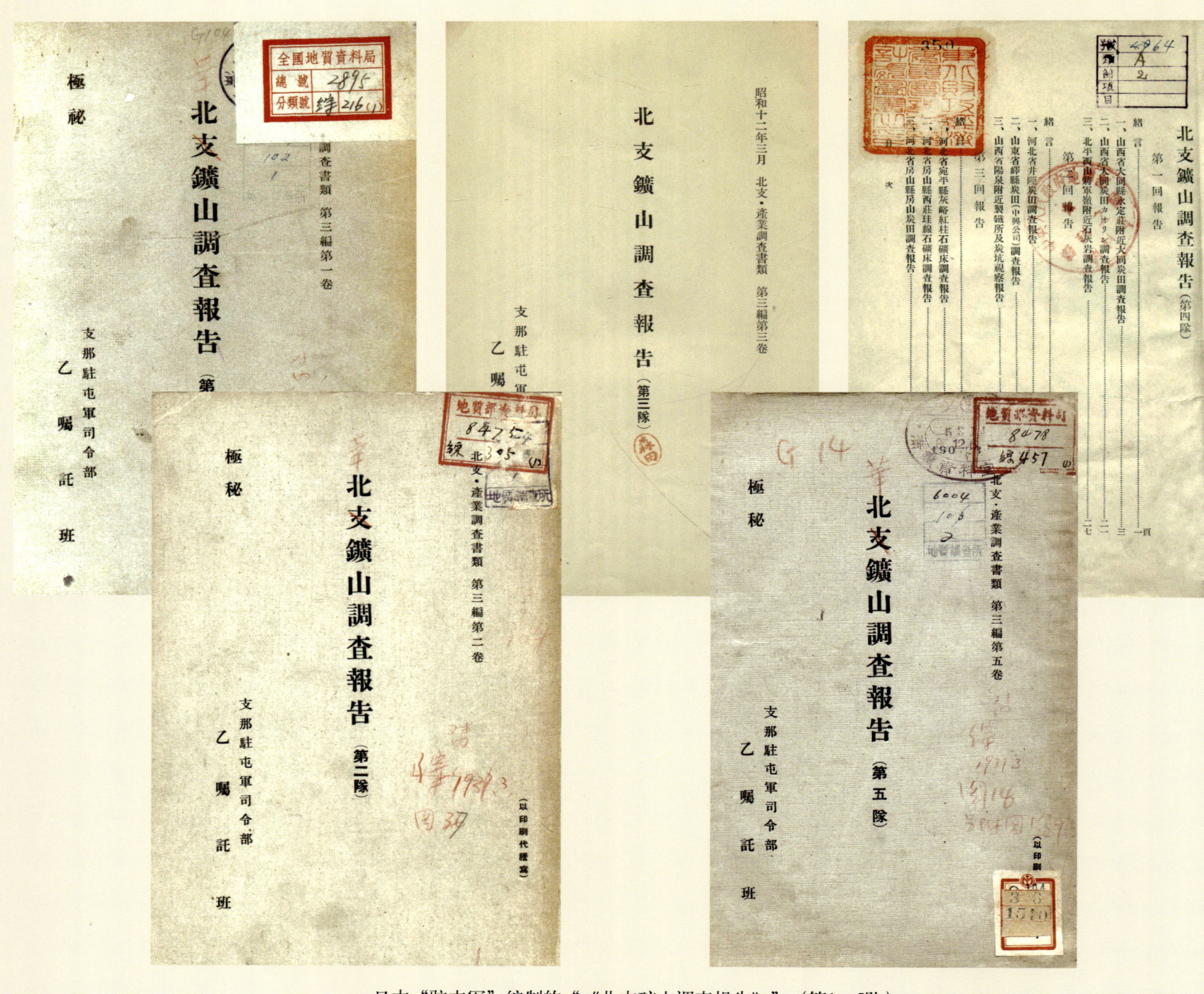

日本"驻屯军"编制的"《北支矿山调查报告》"（第1～5队）

日本"驻屯军"地质调查人员名单

一 日本把地质调查作为实施侵华的工具

华中铁矿等资源调查

1938年开始，日本"中支"派遣军特务部，在网罗了日本军方、各大学和各省地质调查所等单位的众多专家、技术人员的基础上，设立了5个铁矿勘查班，由各地日军武装保护，在华中地区开展了大量以铁矿为主的资源探查，为其后续的资源掠夺做好了情报准备。同时，还在浙江、湘鄂铁路沿线等地探查矿产资源，收集并全文翻译了战前我国地质工作者的《湘鄂路沿线煤矿调查报告》。

华中（"中支"）锰矿产地分布图

第一部分 日本对中国矿产资源的觊觎与掠夺

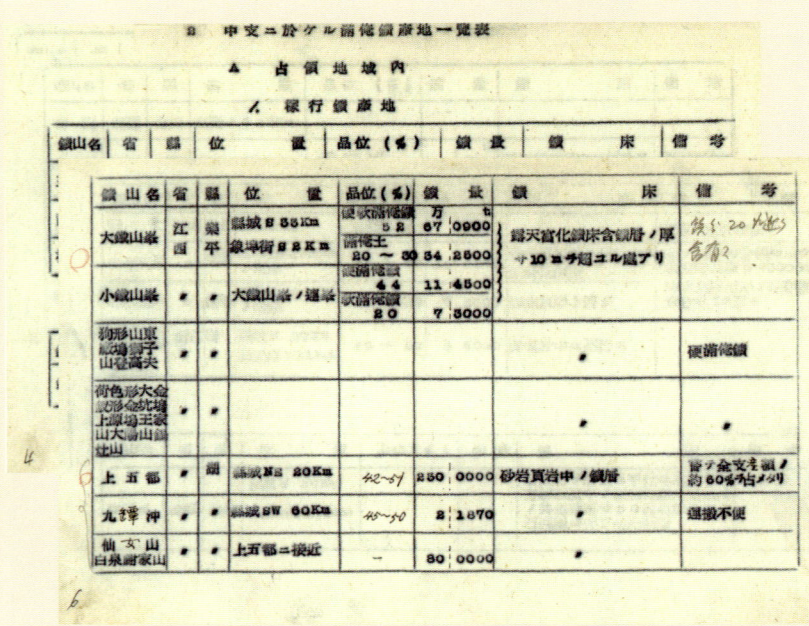

"《中支锰矿床产地一览表》"

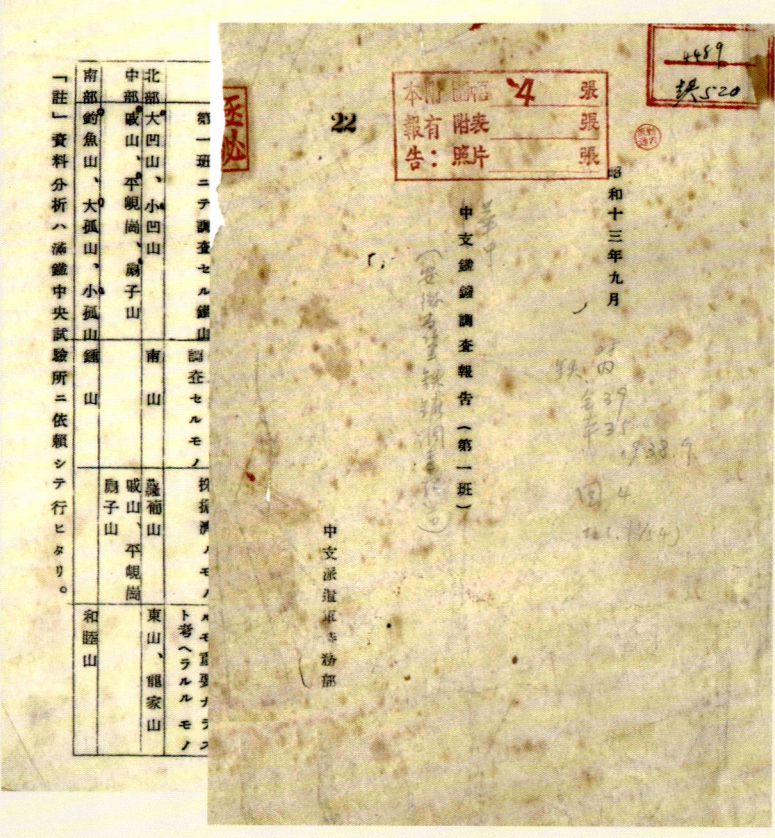

"中支"派遣军特务部"《中支铁矿调查报告（第一班）》"

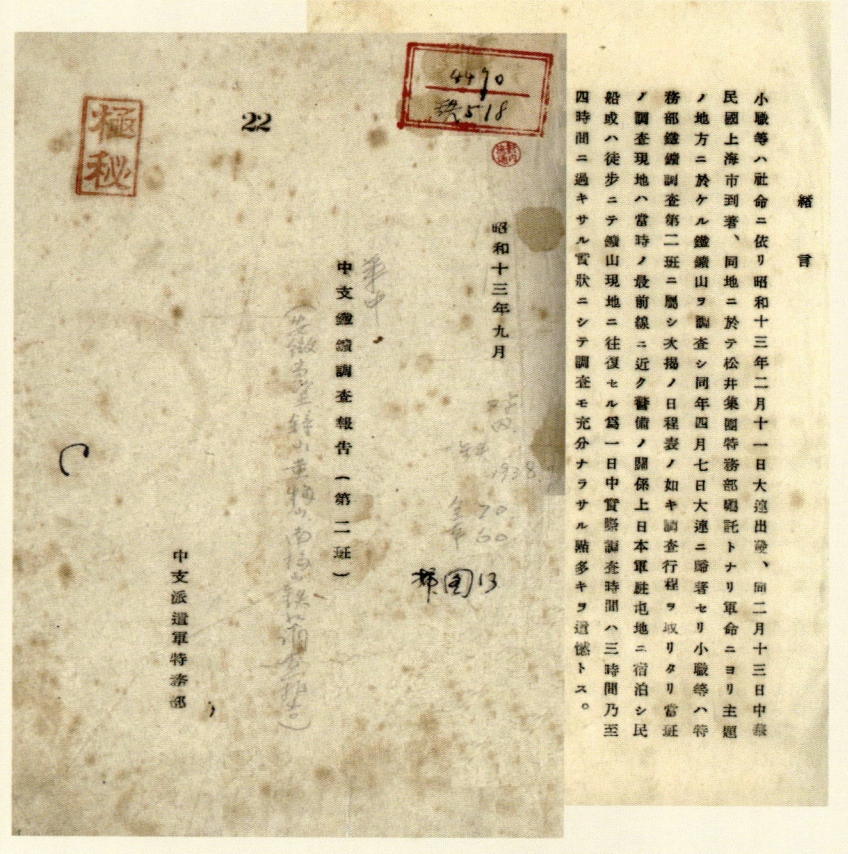

"中支"派遣军特务部"《中支铁矿调查报告（第二班）》"

扎赉诺尔油气调查

从中国攫取石油资源是日本侵略者朝思暮想并长期经营的目标。

1929年春天,"满铁"地质调查所新带国太郎等沿东清铁路到牡丹江上游的森林地带开始寻找石油,无功而返。

1930年4月,新带国太郎等人前往满洲里的扎赉诺尔煤矿进行第二次找油。

1934年,日本"满铁"等公司及伪满政府联合组建立的"满洲石油株式会社"在扎赉诺尔一带钻凿了油井数十口,多数见到油花。

1935年,日本人又运用当时先进的地球物理手段,逐步查清了地质构造。

1940年,在扎赉诺尔的古近-新近系煤田发现了石油,1941年钻井曾打到1000米深。

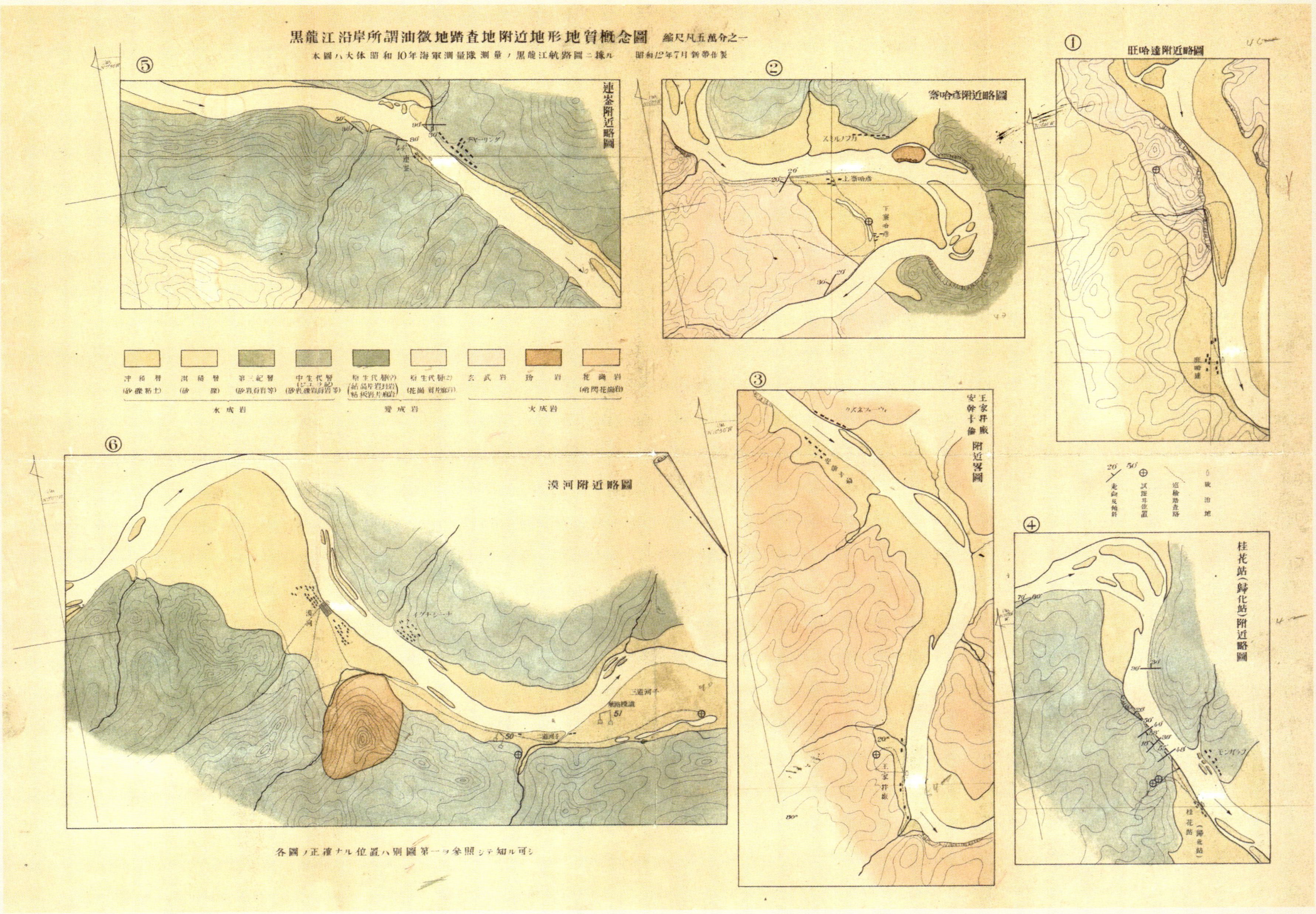

1935年由日本海军测量编制的《黑龙江沿岸所谓油征地踏查地附近地形地质概念图》

阜新油气调查

1938年,"满洲炭矿株式会社"在阜新附近开始调查。1939年钻探,1941年见油,共施工105口油井。

但到1945年日本投降为止,始终未获得工业油流。

窥探陕西延长油田

日军通过航拍、地面特务侦察等手段来获取陕西延长附近油田开采情况。

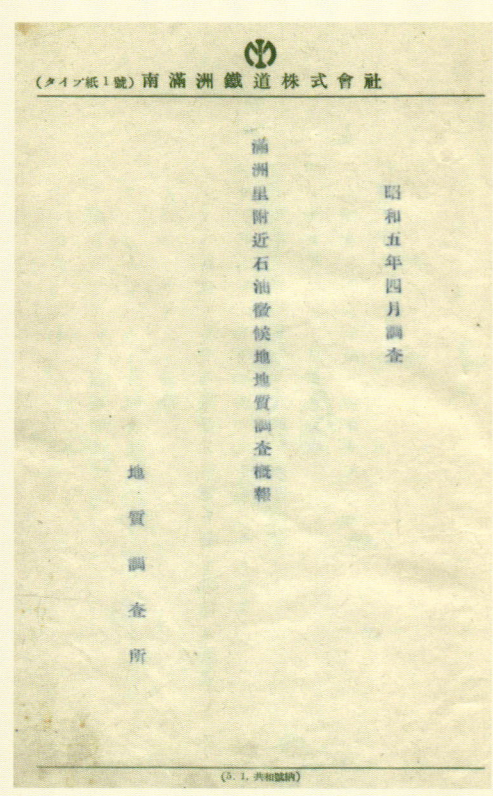

"满铁"地质调查所《满洲里附近石油征候地质测查概报》

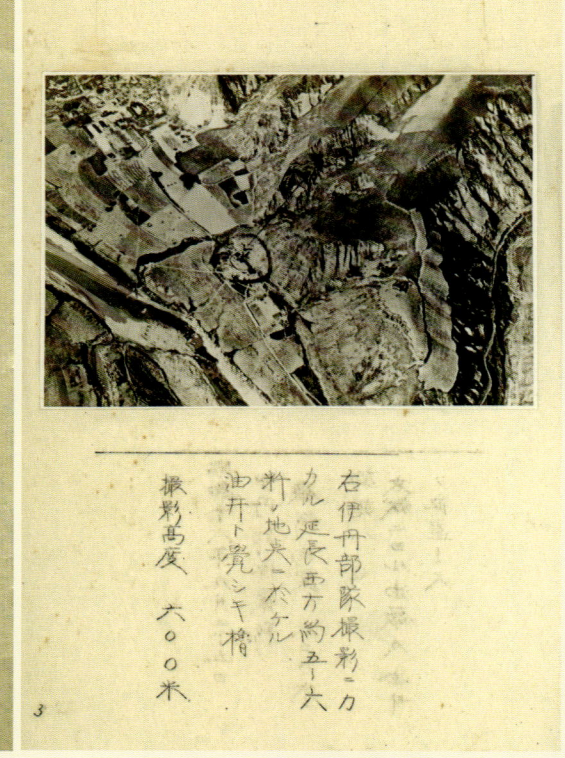

《黑河省黑龙江岸所谓油征地踏查报告》

日本侵略者使用特务地面渗透方式对延安延长等地油田进行侦察

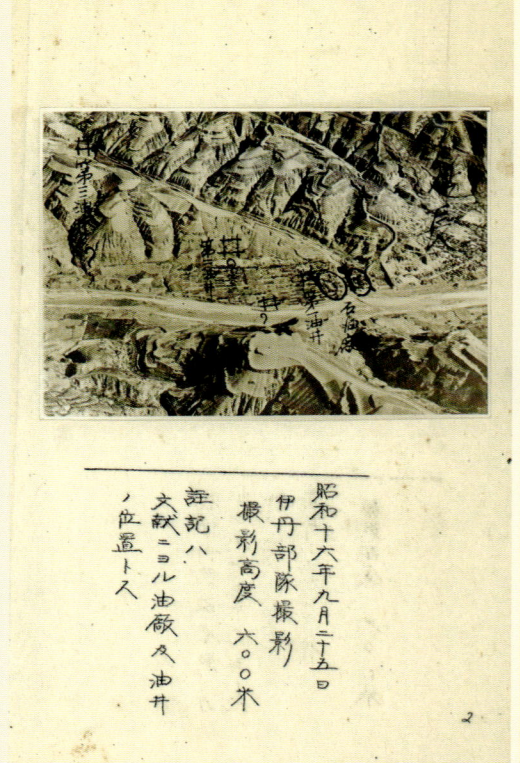  

日本侵略者使用特务地面渗透方式对延安延长等地油田进行侦察

二 日本对中国矿产资源的疯狂掠夺

据不完全统计，侵华期间，日本累计从我国掠夺煤炭约10亿吨，铁矿石约1.8亿吨，铜矿石约150万吨，铝矿石约10万吨，镁矿石约5万吨，还有大量的非金属矿产以及铅锌矿产、金银贵金属（数据来源于中国社会科学研究院严中平等著《中国近代经济史统计资料选辑》，由科学出版社于1955年出版）。

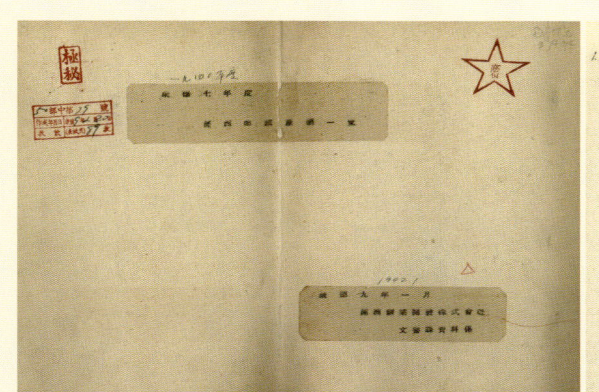
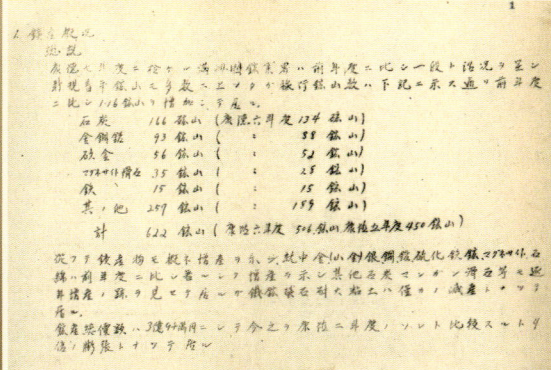
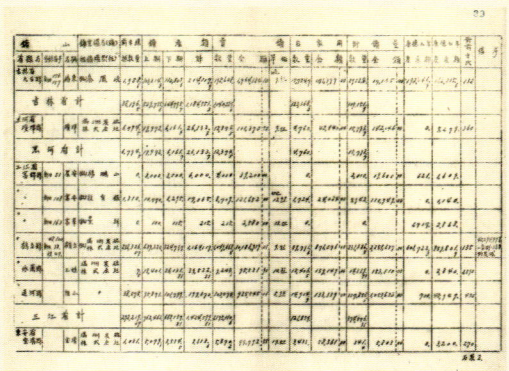

日本在"满洲"株式会社一览

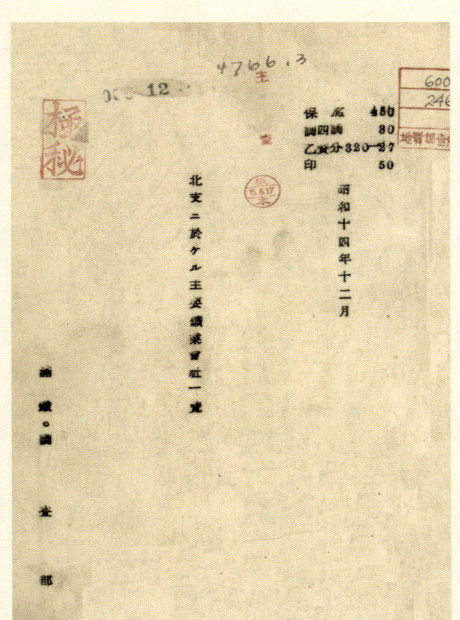
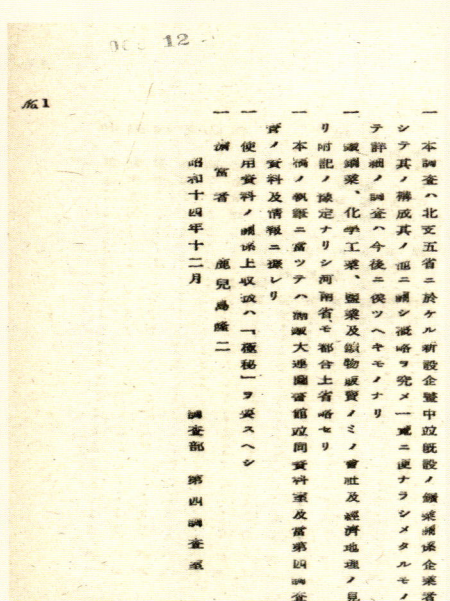
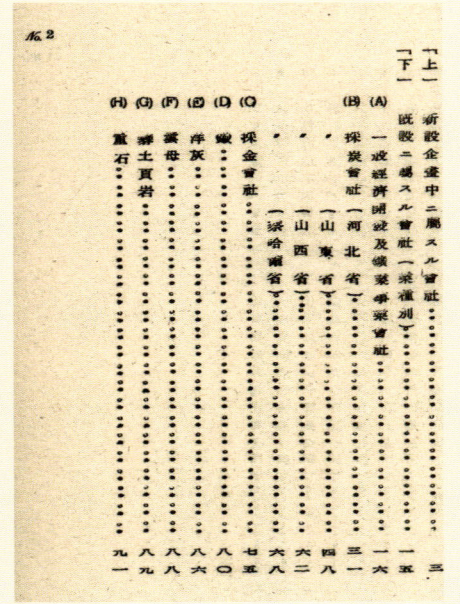

日本在华北株式会社一览

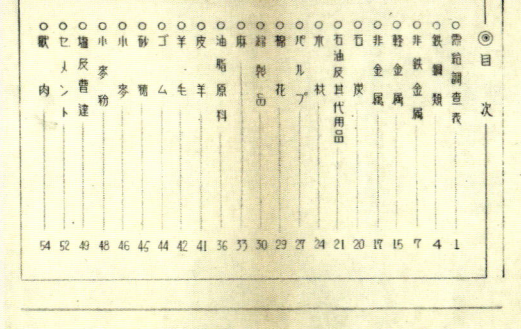
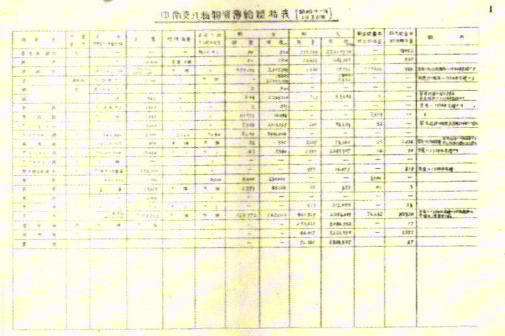

1936年华中、华南八省向日本供给的重要资源统计表

日伪勾结强夺我国资源的"法律文件"罪证

日本占领中国东北三省后,扶植了傀儡伪政权——"满洲国"(1932年3月1日至1945年8月18日),因国民政府和中共及国际社会对伪满政权均不予承认,故被称作"伪满洲国"或"伪满"。1931年"九一八事变"后,日本帝国主义侵占了整个中国东北地区。1932年3月9日,在日本军队的撺掇下,末代皇帝溥仪从天津秘密潜逃至东北,在长春成立了这一傀儡政权。

为了掠夺我国矿产资源,1932年9月9日,日本侵略者与伪满洲国政府签订了"关于规定国防上必需的矿业权的协定"。根据这一规定,日本帝国臣民可在"满洲国"领土内取得一切矿业权,采掘俱无限期。这些"国防上"必需的矿产包括"炼铁及炼钢(包括特殊钢)用原矿、轻金属原矿、煤炭、石油、油母页岩、铅矿、锌矿、镍矿、硫化铁矿、锑矿、锡矿、白金矿、水银矿、石墨、石棉、硝石等"。

协议规定伪满洲国政府在制定或修改有关"国防上"所需矿物的矿业法规时,应事前取得日本国政府的同意。这从法律上确立了日本对我国资源的实际控制权。

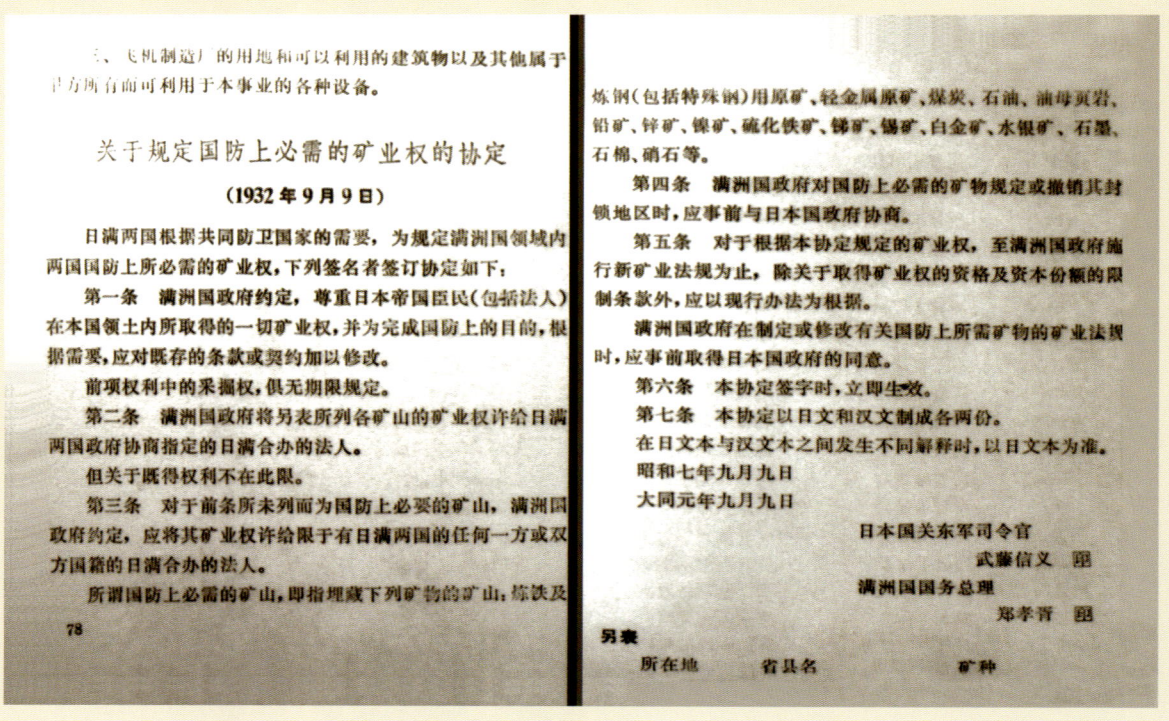

日本通过签订"关于规定国防上必需的矿业权的协定"使得其掠夺中国矿产资源行为合法化

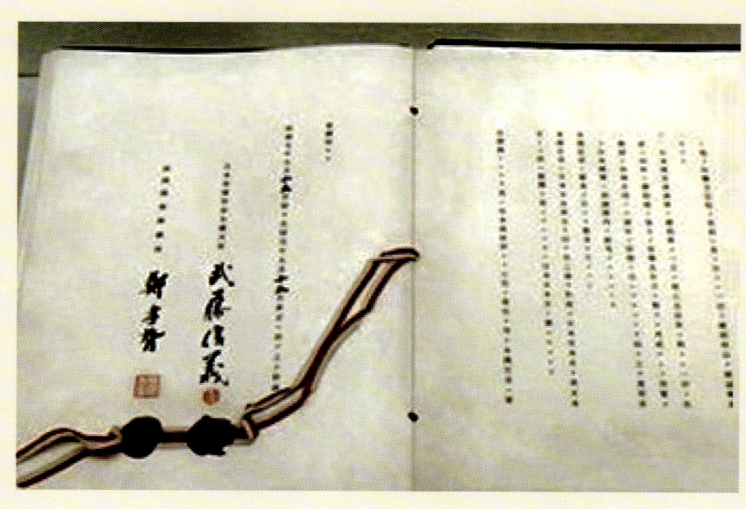

关东军司令武藤信义与伪满洲国"总理"郑孝胥的签字

（一）掠夺东北地区矿产资源

霸占抚顺煤田

日本是煤炭资源稀少的国家，而煤炭又是其工业、军事和生活上的急需物资。为尽快缓解其国内能源紧张局面，日俄战争后，日本凭借武力仅用一个月就强占了整个抚顺煤矿，并将华兴利公司存储的4000多吨煤炭运回日本国内。

从1910年至1945年，日本侵略者对抚顺煤田进行了大规模的地质勘探，先后建成大山坑、东乡坑、古城子第三露天掘、古城子第二露天掘、万达屋坑、东岗露天掘等矿井。据记载，自1907年掠夺抚顺煤炭23.3万吨始，到"七七事变"止，日本每年掠夺的煤炭量直线上升。1911年，煤炭产量从1907年的23.3万吨上升至131.1万吨；1930年抚顺煤矿的煤炭产量猛增到793.6万吨；1931年"九一八事变"后，日本侵略者更是加紧了对抚顺煤炭的掠夺性开采，1934年煤炭产量上升至942.1万吨。即使在日本投降的1945年，日本侵略者依然从抚顺掠走325.4万吨煤炭。

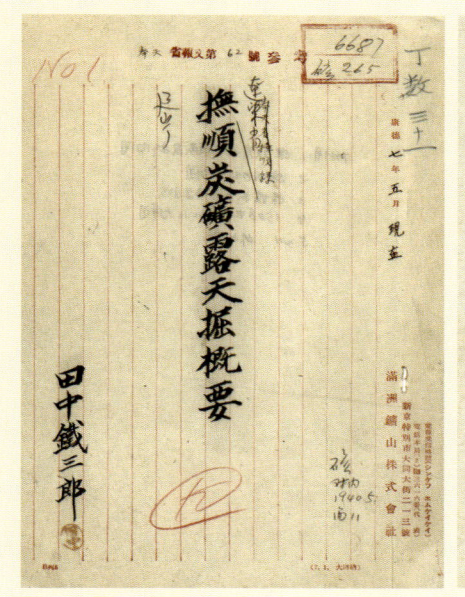
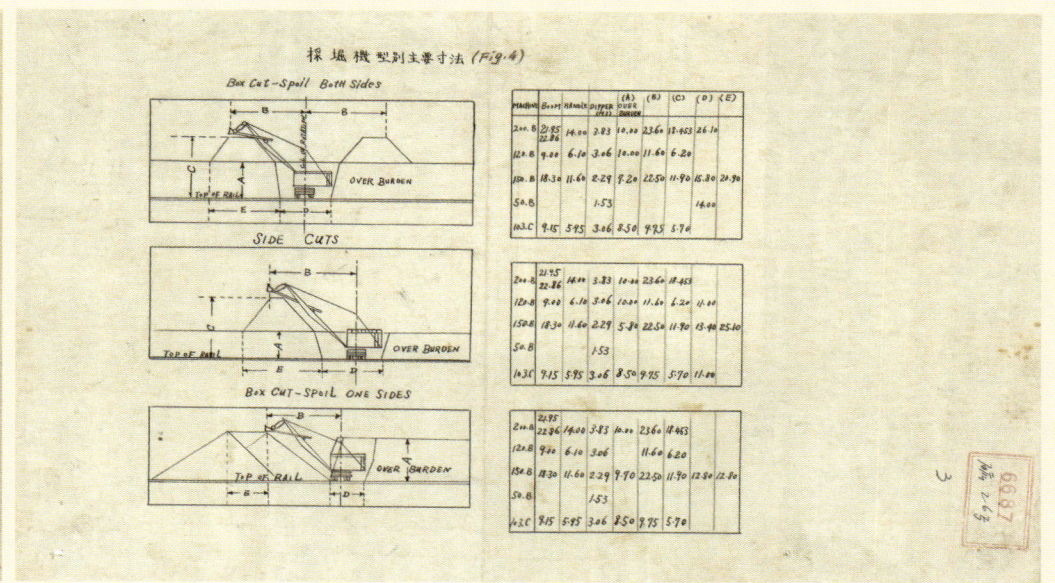

"满洲矿山株式会社"田中铁三郎编著的《抚顺炭矿露天掘概要》

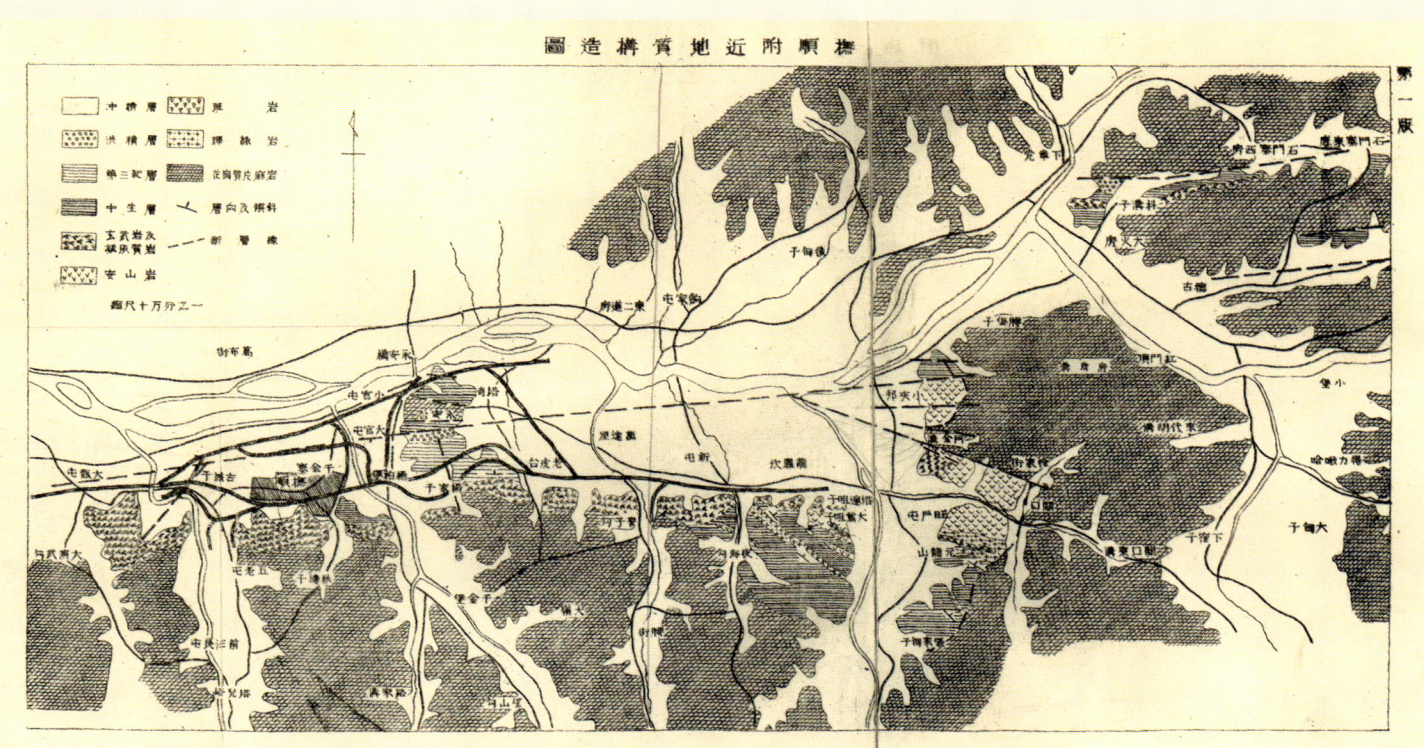

抚顺附近地质构造图

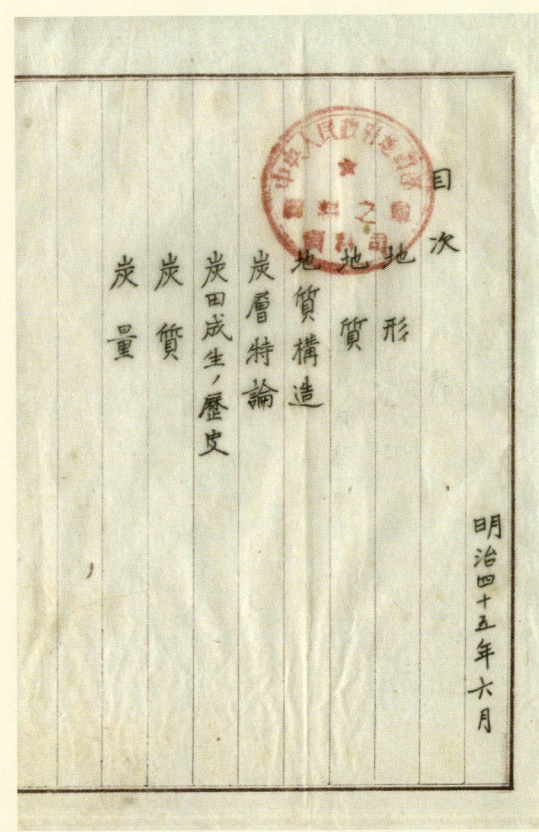
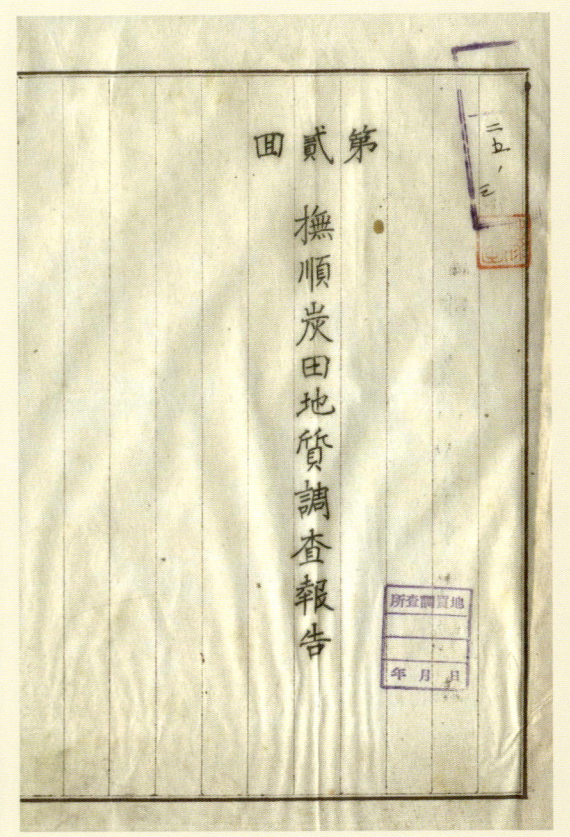
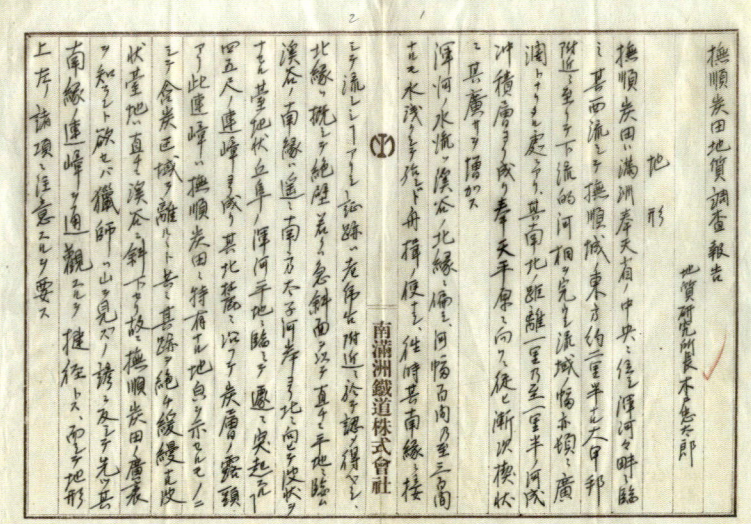
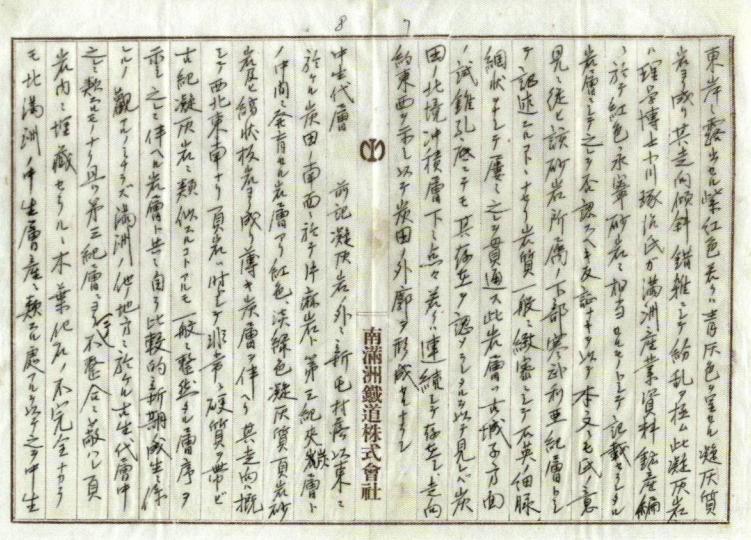
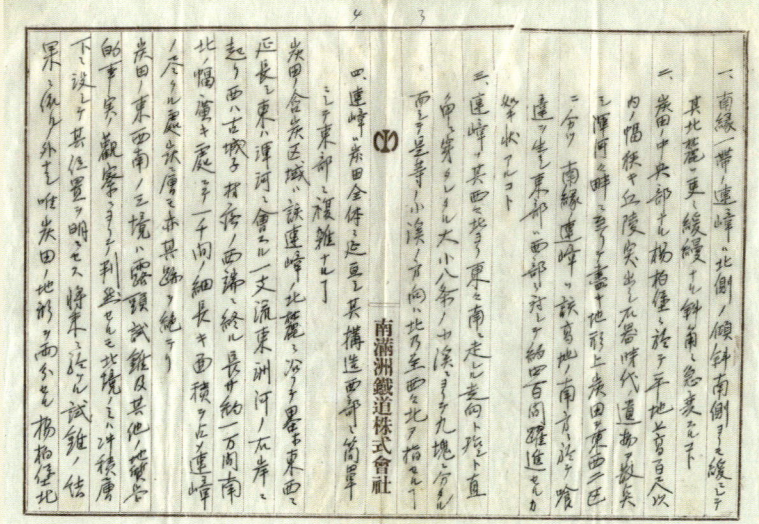
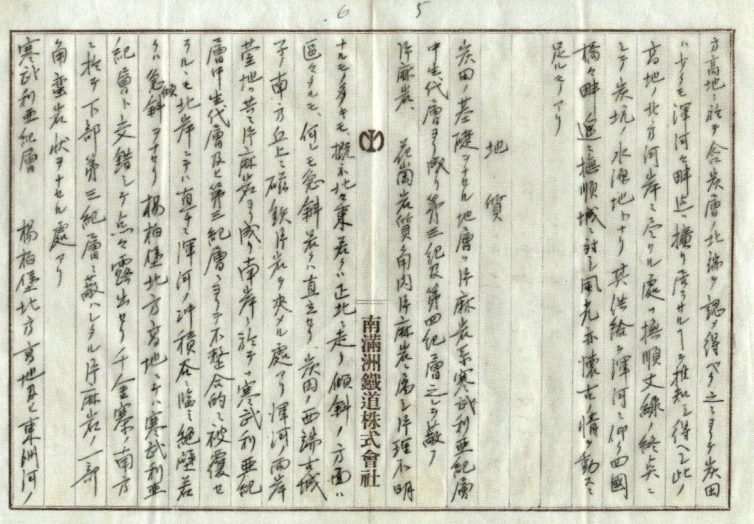

1912年时任"满铁"地质调查所所长木户忠太郎编著的《抚顺炭田地质调查报告》

抢夺鞍山铁矿

1918年5月15日,日本"鞍山制铁所"成立,1919年4月29日正式投产。1926年至1936年掠夺鞍山生铁约228万吨。

鞍山、本溪湖生铁运往日本国内数量 (单位:吨)

年 份	鞍山生铁	本溪湖生铁	合 计
1926	146982	37249	184231
1927	167445	36490	203935
1928	174333	38200	212533
1929	147465	51886	199351
1930	128634	48360	176994
1931	202081	51060	253141
1932	235398	74280	309678
1933	355131	101400	456531
1934	305037	125275	430312
1935	269804	123480	393284
1936	149526	123809	273335

资料来源:中央档案馆,中国第二历史档案馆,吉林社科院合编.东北经济掠夺.北京:中华书局.1991年4月,312页

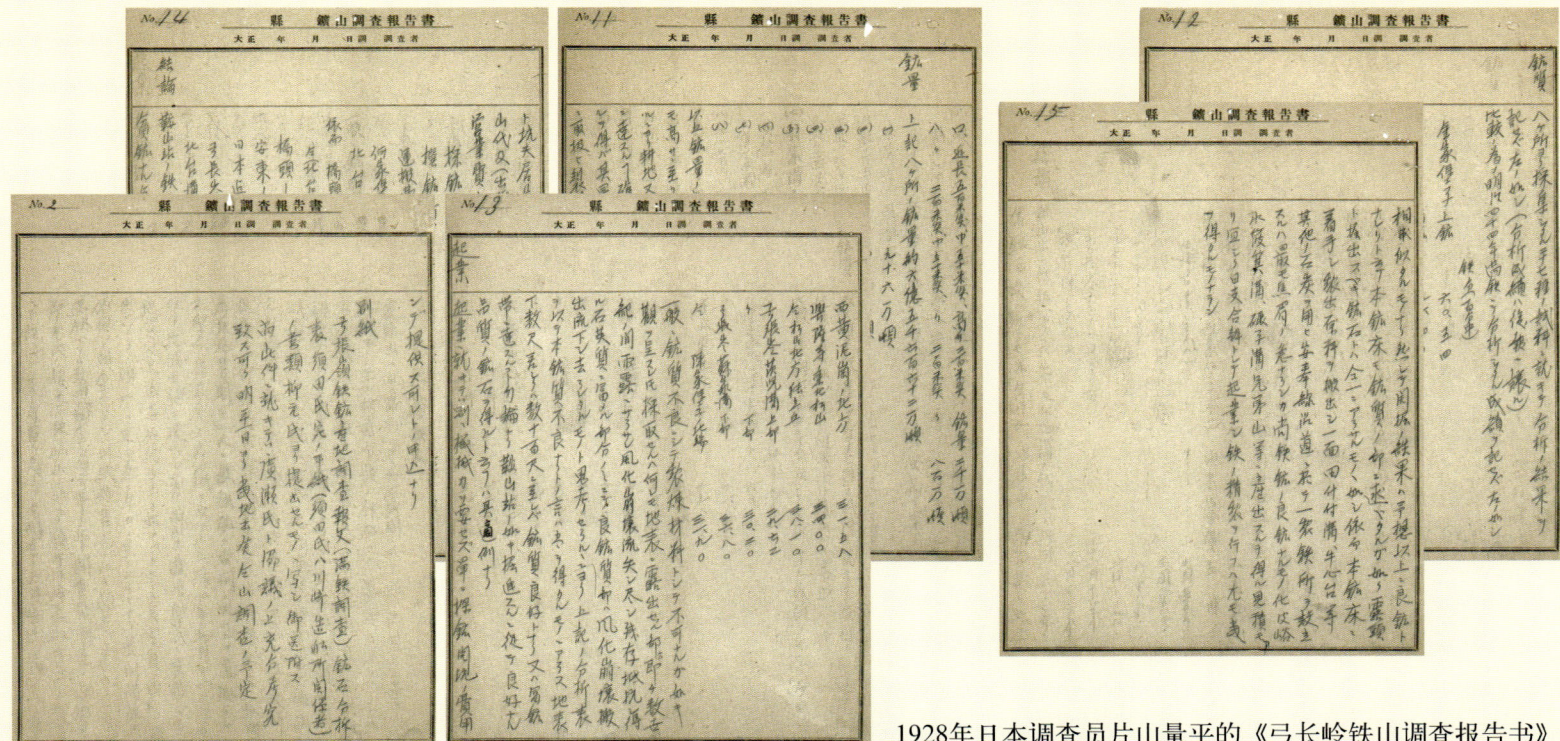

1928年日本调查员片山量平的《弓长岭铁山调查报告书》

抢占金矿

早在1926—1928年，"满洲铁道株式会社地质调查所"调查员木村六郎、矢部茂等就在长白山地区进行金矿探查，掌握了一手地质资料。在此基础上，日本为加快掠夺中国东北金矿资源，又组成了一个以东京帝国大学教授、地质专家门仓三能和技术特种兵副司令岗少仁为首，以踏查夹皮沟金矿资源为主要目标的"北满金矿资源调查班"。调查班由著名的地质、采矿、化验、选矿、冶炼等专家组成，全部配备武器。在调查班出发前，日本政府举行了盛大的宴会，日本首相出席并代表天皇讲话，指出调查班的任务是踏查以夹皮沟为中心的长白山地区的地质资源，侦察东北抗联的活动，收集南满的政治、军事、经济情报。

日本关东军特务部专门成立"采金事业调查部"。在投入300多人、花费超过60多万日元，经过一系列的侦察之后，于1936年（昭和十一年）制定了"满洲采金事业方策"，系统地规划了"满洲"地区金矿资源掠夺方略，规定由关东军统制东北地区的金矿开采。

日本人在金矿探查与开采过程中，多次受到抗联武装的袭击，爆发过一系列战斗。

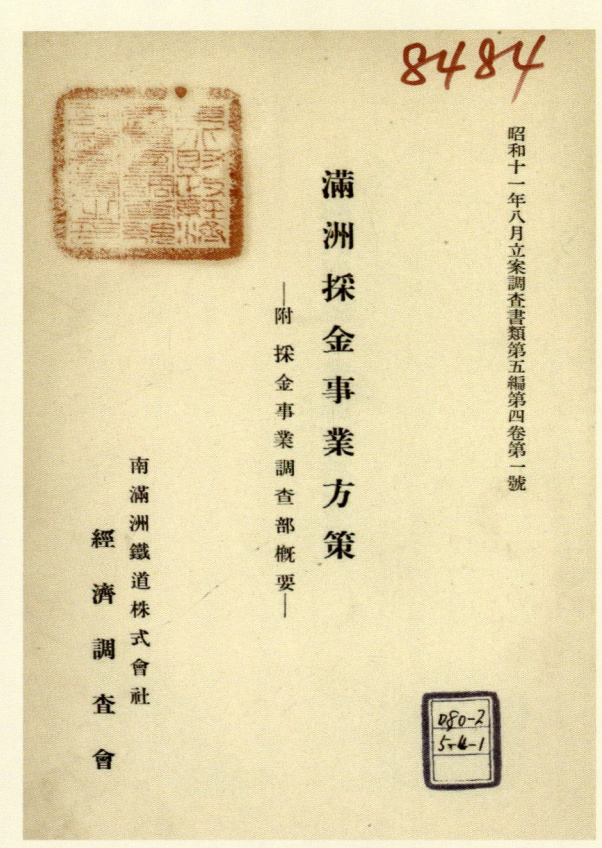

"南满洲铁道株式会社""满洲采金事业方策"

中国苦工采金淘洗作业

1. 日本侵略者掠夺黄金百两后拍照留念图（上）
2. 日军"采金事业部"人员合影（下）

关东金王

2006年中央电视台播放了37集电视连续剧——《关东金王》，讲述了清末至民国初年长达六七十年的岁月里，山东文登籍韩宪宗和他孙子韩登举两代金王，在吉林长白山长八百里、宽五百里的领地内，抵御外敌，保家卫国的悲壮动人的故事。"韩边外"这个诨号，既是指韩氏祖孙——韩宪宗、韩寿文、韩登举等，也是指当时韩氏祖孙统辖的"黄金王国"。

在日本丸善株式会社编写的"《北满金矿资源》"中使用了相当的篇幅描述了"韩边外"这一家族及其金矿资源。

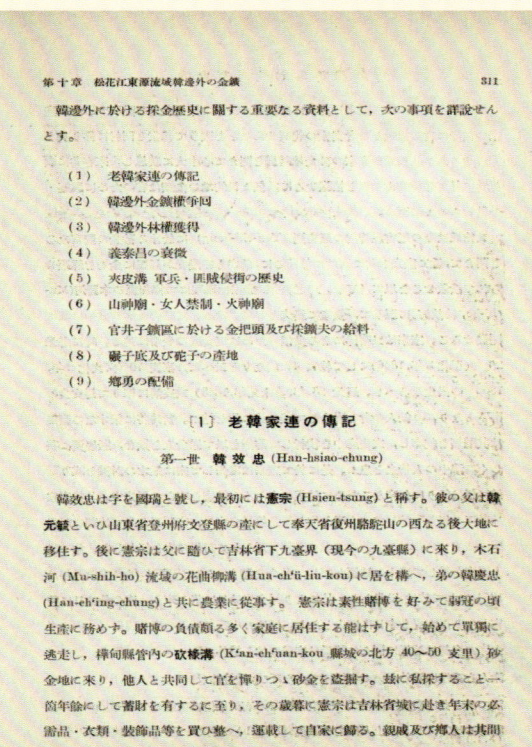

"《北满金矿资源》"及其对韩氏家族的描述

第一部分 日本对中国矿产资源的觊觎与掠夺

偷采铀矿

1939—1940年间，日本人在我国辽宁海城地区发现铀矿，之后随着日本国内核武器研制、试验的进展，开始偷采铀矿并用飞机直接运往东京。1945年初，日本第一次相关试验失败，关东军逐步停止开采海城铀矿。1945年7月，日本第二次爆炸演习成功，又试图重开海城铀矿开采，这时战争结束，日本帝国主义的核武器梦也随之破灭。

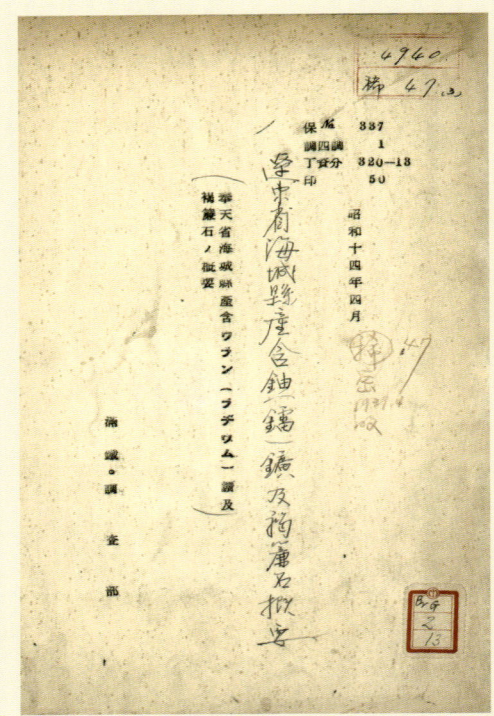 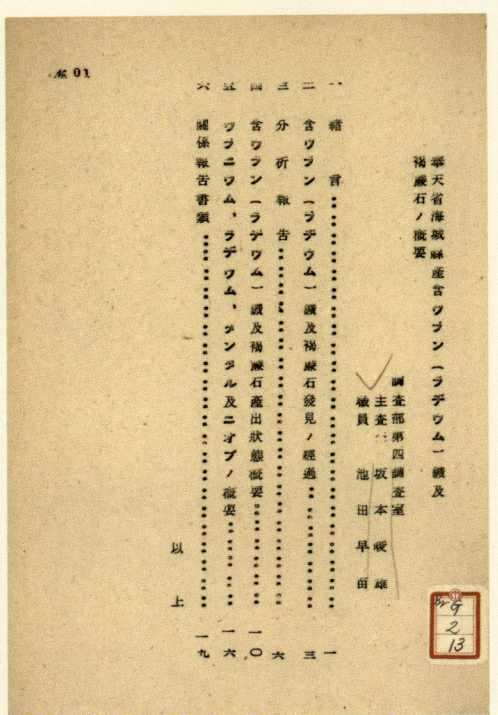

"满铁地质调查所"《奉天省海城县产含铀（镭）矿及褐帘石概要》

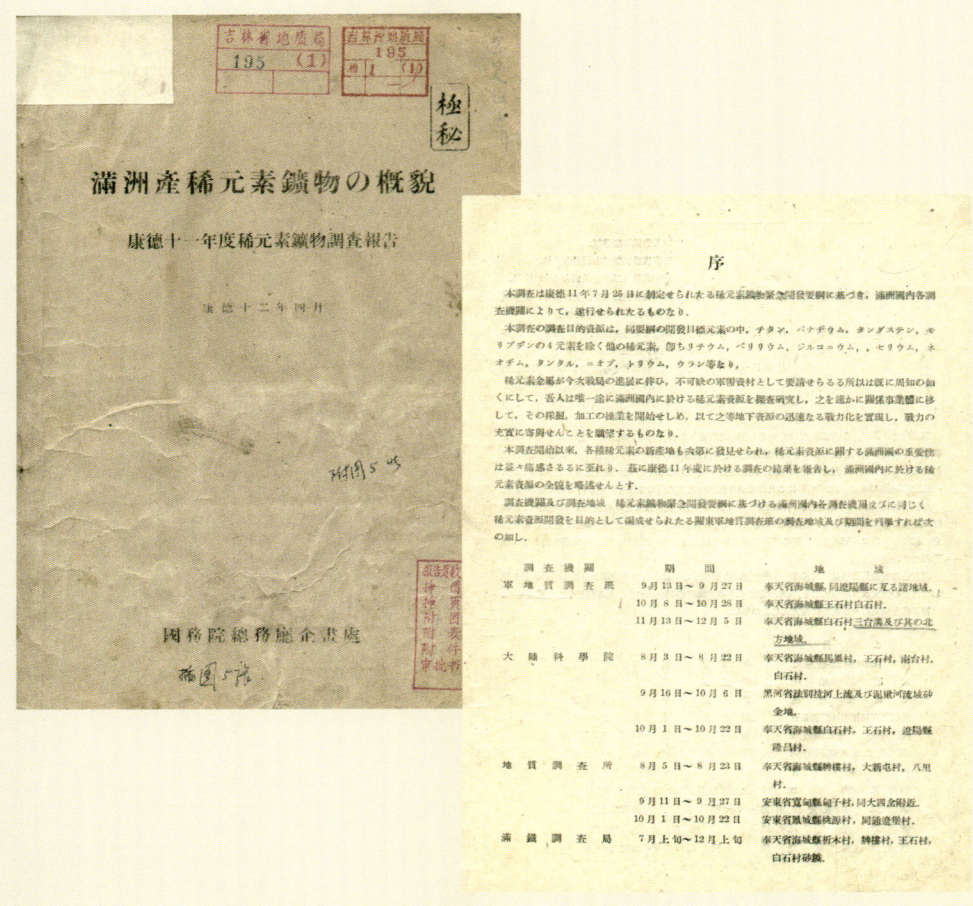 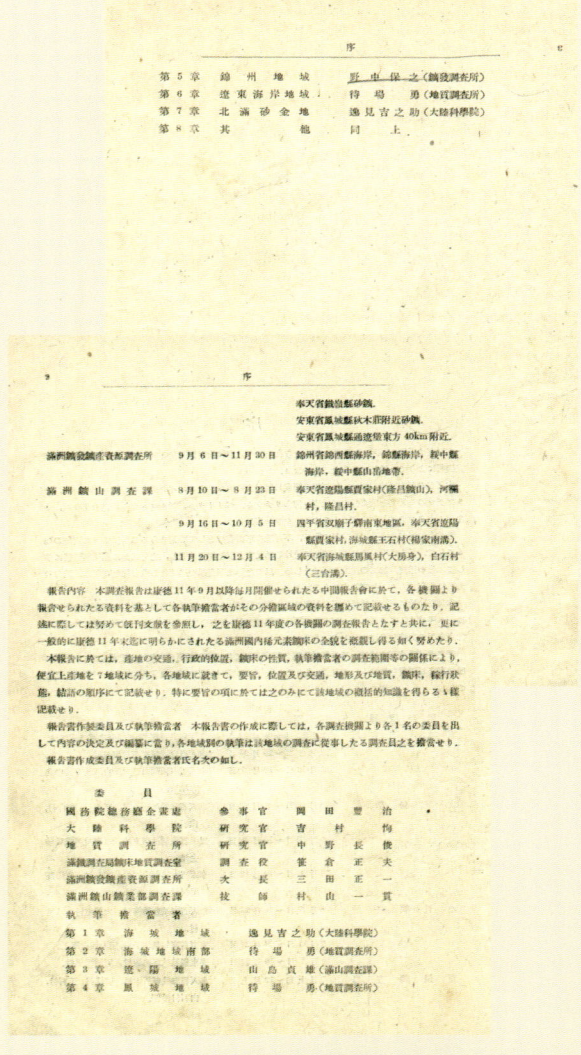

"满洲国国务院总务厅企划处"编制的"《满洲产稀元素矿物概貌——康德十一年稀元素矿物调查报告》"

二 日本对中国矿产资源的疯狂掠夺

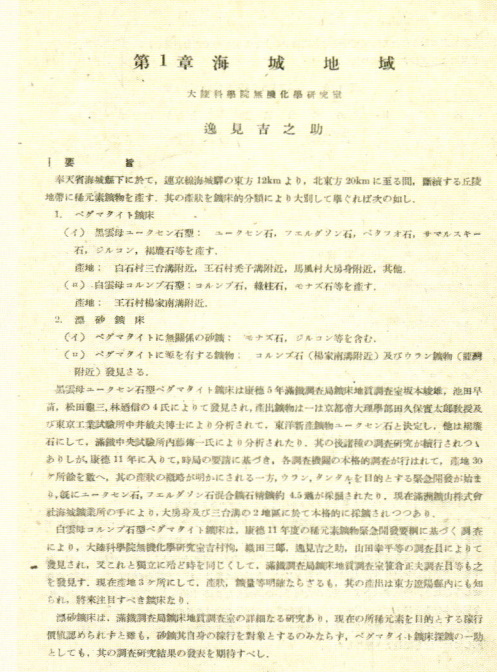

"满洲国国务院总务厅企划处"编制的"《满洲产稀元素矿物概貌——稀元素矿物调查报告》"

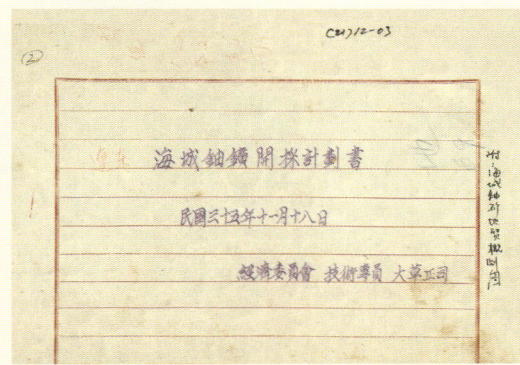

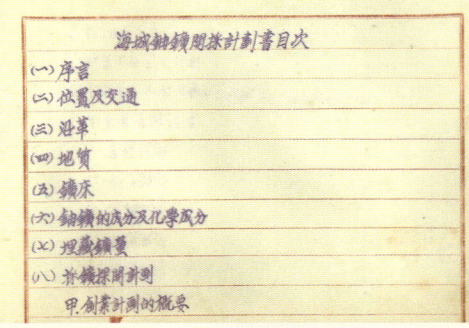

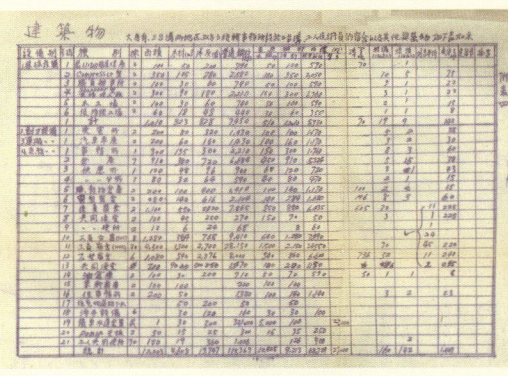

1946年（民国三十五年）"经济委员会"技术专员大草正司编著的《海城铀矿开采计划书》，其中详细记述了矿山的位置、交通、地质、埋藏矿量、采掘探开计划、设备和人员配备等内容

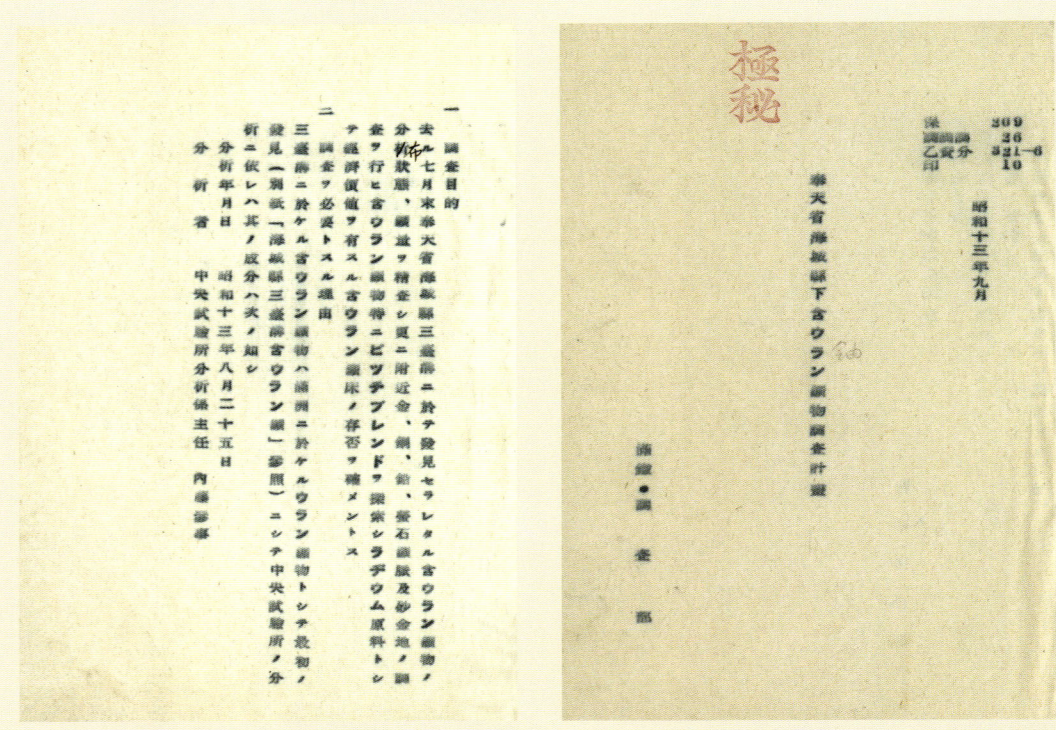

"满铁地质调查所"《奉天省海城县下含铀矿物调查计划》

（二）掠夺华北地区矿产资源

全面侵华开始后，日本从"满铁"、在华和日本国内各矿业株式会社抽调大批人员，组成"接收团""视察团"，紧跟侵华日军的行动，从日军手中接管大批我国官民开发的矿山。

仅1939-1944年华北地区煤炭供给日本国内就达3374万吨，占整个华北地区煤炭产量的28%，而产量占华北煤炭一半的开滦对日出口量从1937年的126万吨增至1940年的235万吨。

据《招远文史资料——招远玲珑金矿考略》统计，1900-1945年日本侵略者掠夺玲珑金矿73.29吨黄金。

1939-1944年华北煤炭生产和对日供应数量统计（单位：万吨）

年 份	生产量	日本国内供给量	日本军用供给量
1939	1387	346	715
1940	1774	525	1106
1941	2374	686	1247
1942	2511	765	1344
1943	2214	652	1323
1944	2006	400	1297

资料来源：刘大年主编.1990.中日学者对谈录——卢沟桥事变五十周年中日学术讨论会文集.北京：北京出版社

二 日本对中国矿产资源的疯狂掠夺

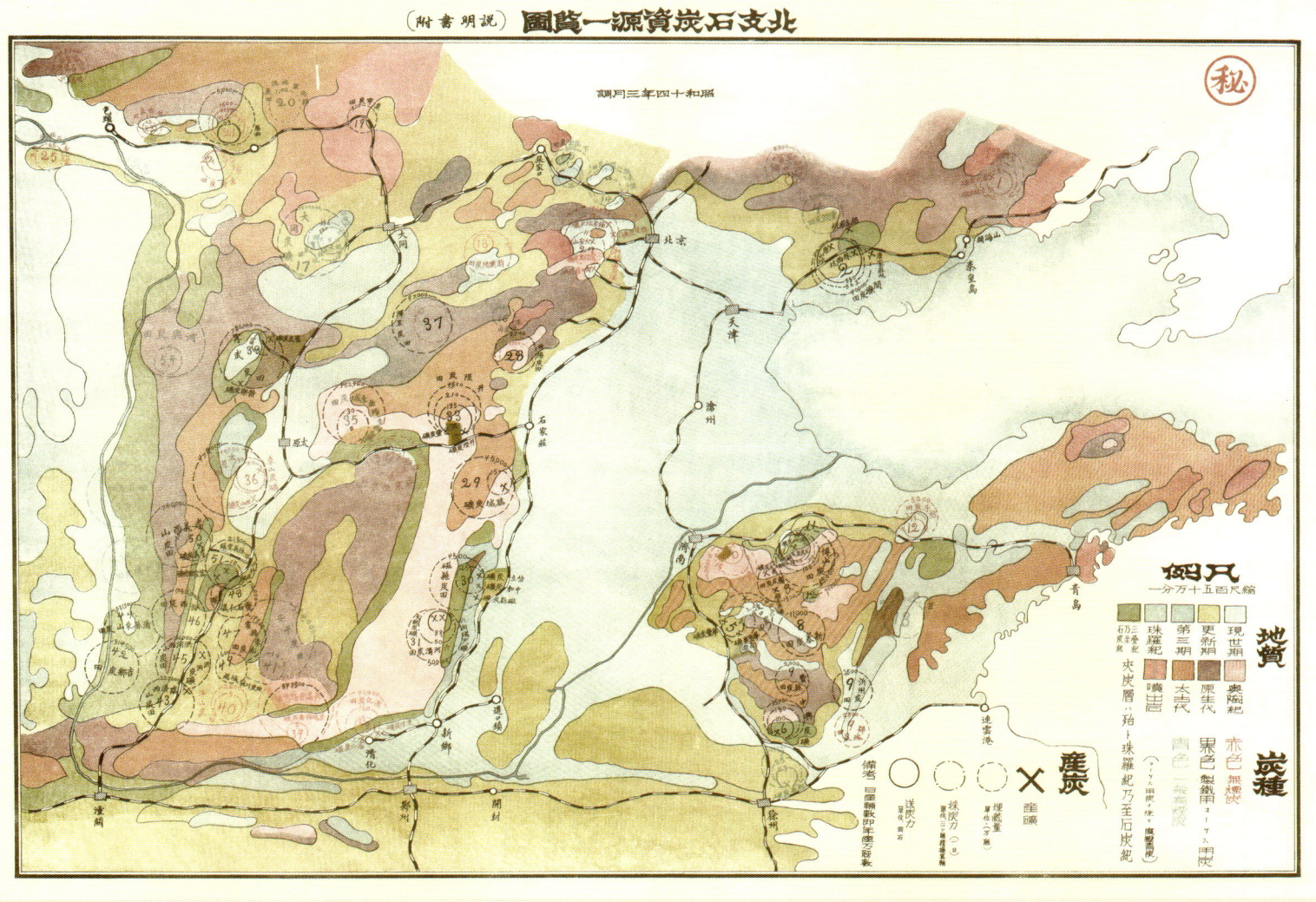

1936年"北支"石炭资源一览图

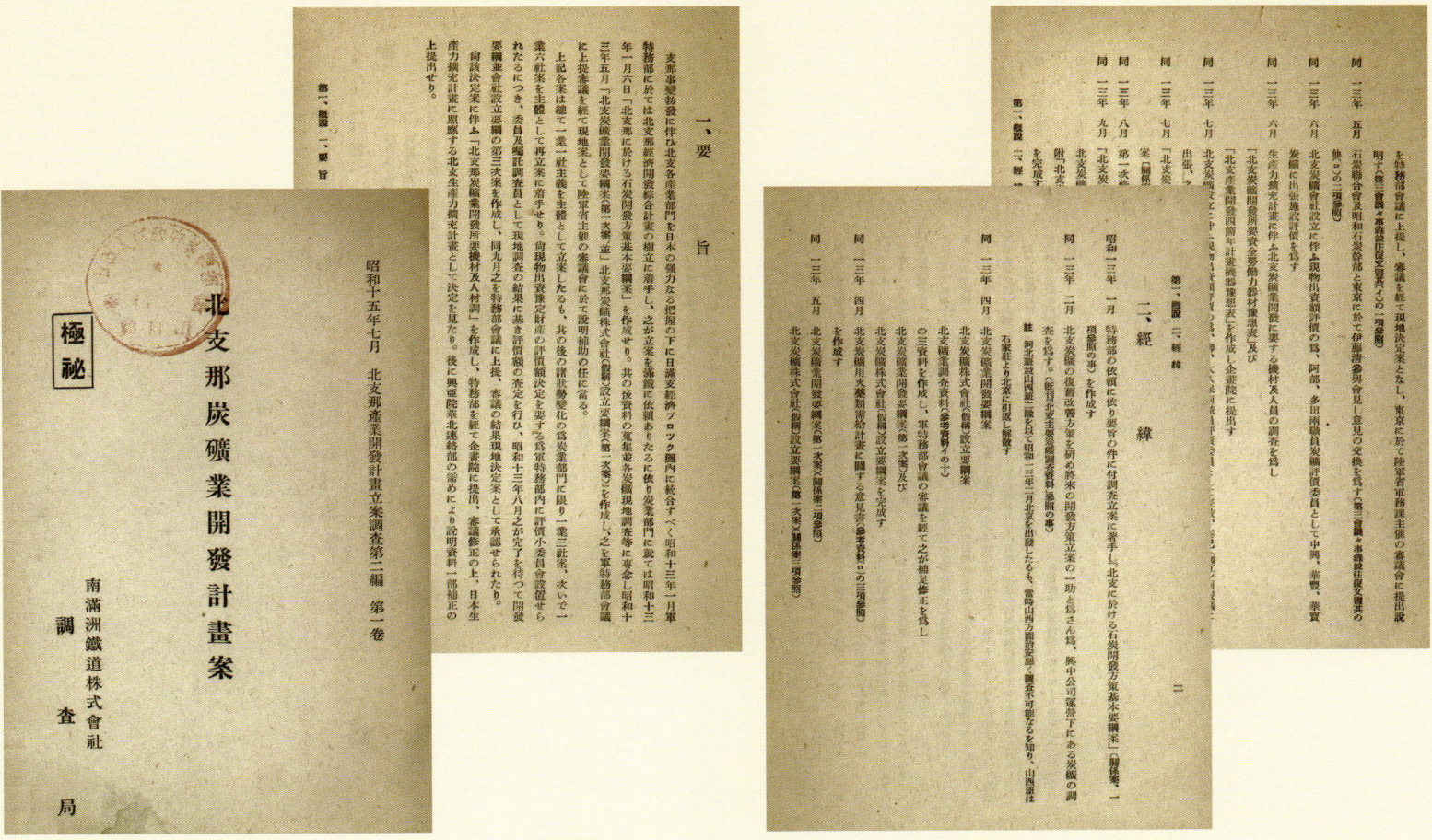

"北支那炭矿业开发企划方案"

（三）掠夺华中地区矿产资源

掠夺大冶铁矿

1899年（光绪二十五年）汉阳铁厂同日本八幡制铁所订立了"煤铁互售合同"，所有条款有利于日方以低价独占大冶铁矿资源。

1938年10月日军侵占大冶，至1945年，日本在大冶矿山掠夺走500余万吨铁矿石，占日本掠夺中国铁矿石的9.66%。按概率粗略推算，日本每生产10支步枪，至少有一支是用大冶铁矿石所产。据不完全统计，大冶铁矿从1893年正式投产，到1945年，共计生产铁矿石2092.32万吨，被日本掠走1550.8万吨，约占总产量的74%。

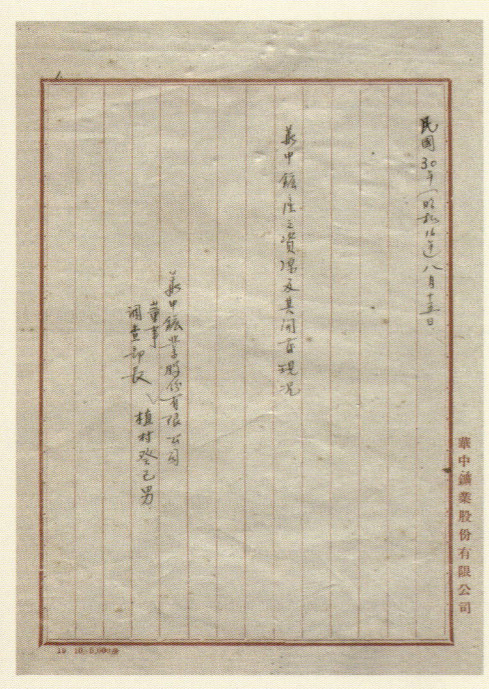
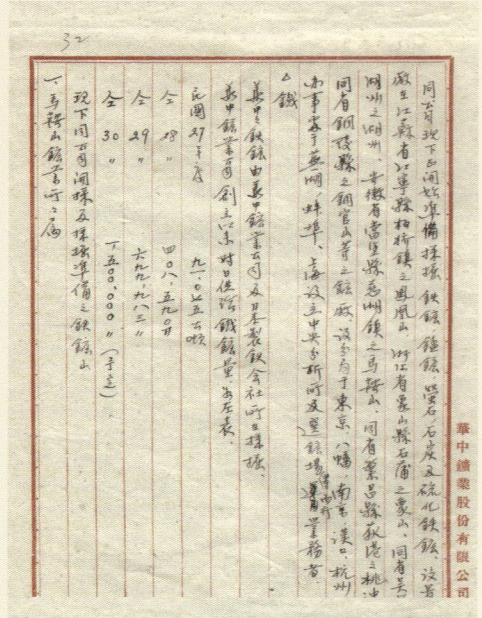
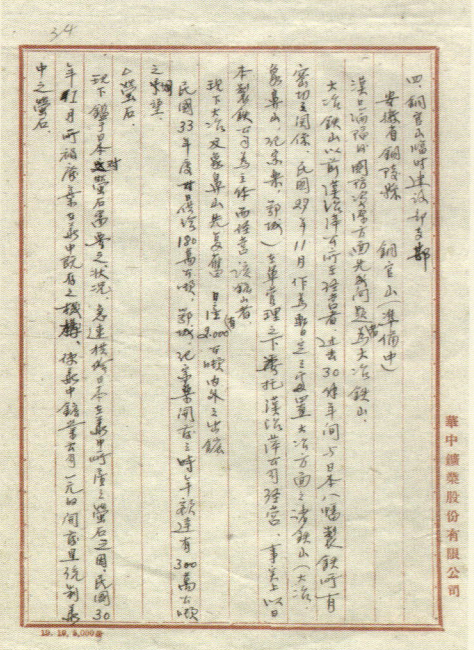

原大冶铁矿场景

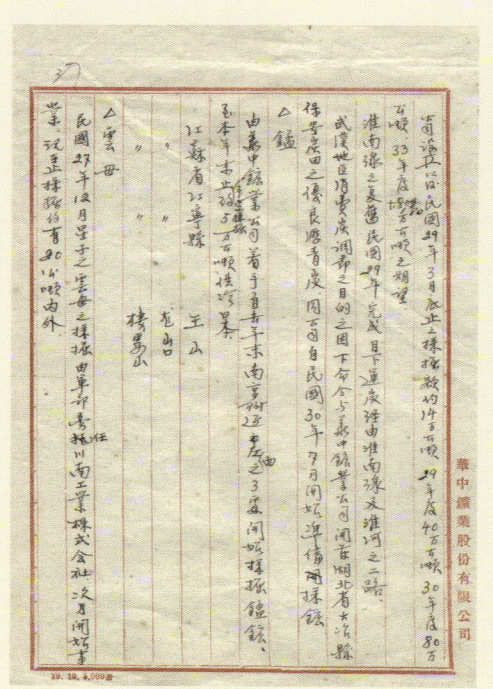
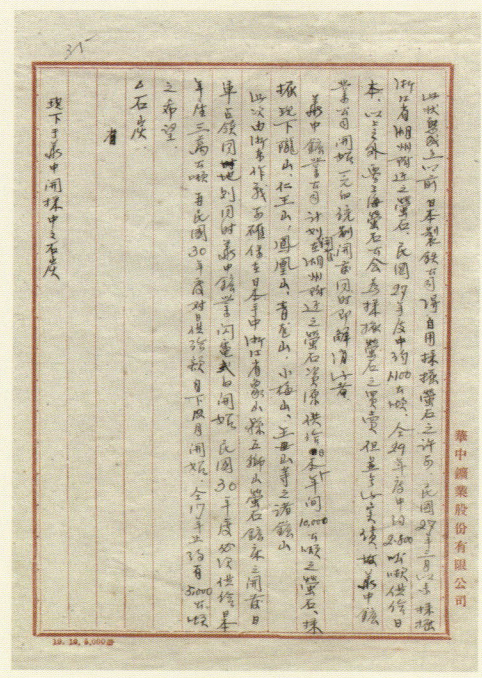

1941年华中矿业股份有限公司编制的《华中矿业之资源及其开采现况》

（四）掠夺华南地区矿产资源

抢夺广东钨矿

1938年广州沦陷后，日本对工矿企业在内的众多经济领域实施全面掠夺和统制。仅1939－1945年日本三菱公司就从南鹏岛掠走钨矿石1350吨。

劫掠海南铁矿

田独铁矿1939年5月建矿开采，至1944年共被掠走268万吨。从1940年11月至1945年投降，日本共投入石碌铁矿212亿日元，劫掠铁矿石69万吨。

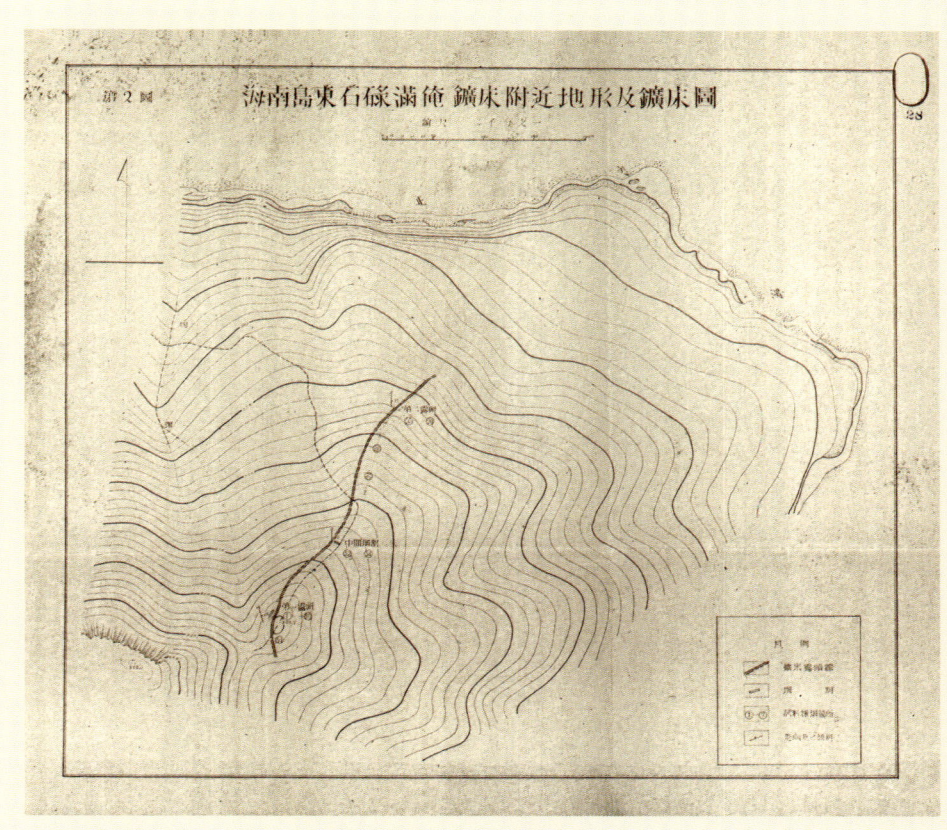

海南岛东石碌满俺（锰）矿床附近地形及地质图

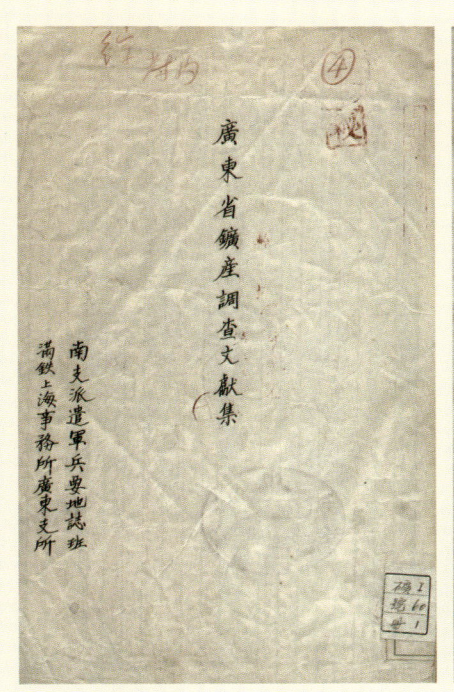

华南派遣军兵要地质班形成的《广东省矿产调查文献集》

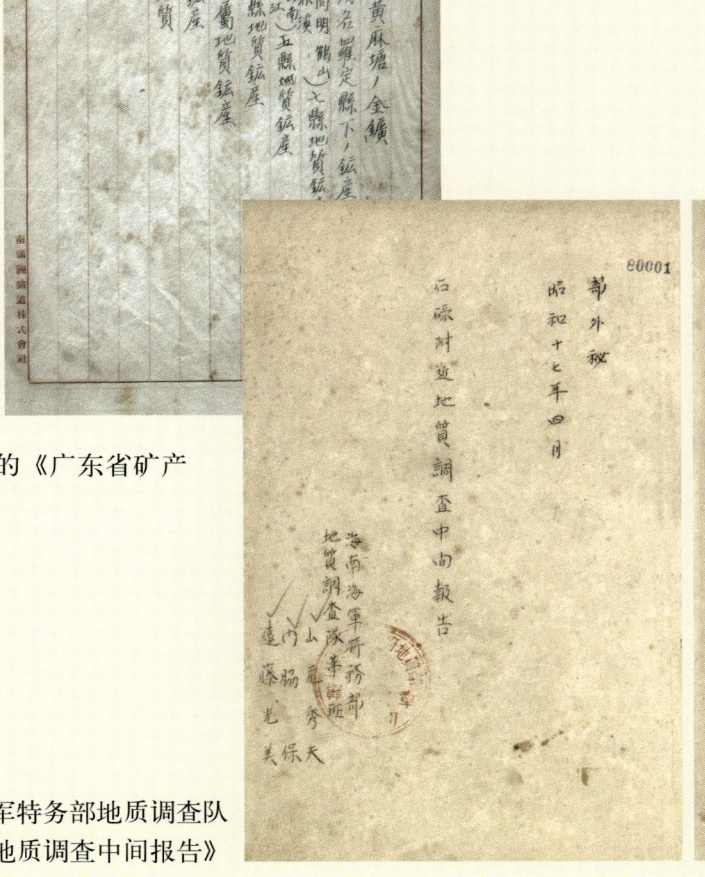

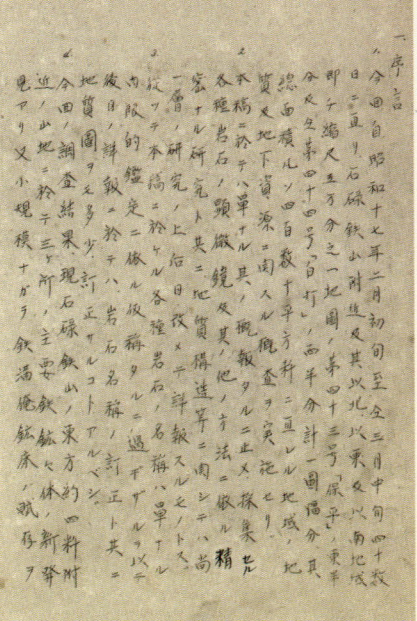

1942年由日本海南海军特务部地质调查队编制的《石碌附近地质调查中间报告》

（五）掠夺台湾地区矿产资源

1895年日本通过甲午战争逼迫清政府签订卖国条约，攫取了台湾。1896年就制定了"台湾矿业规则"。

日本殖民时期，"台湾总督府"独占的日本官僚垄断资本和日本各大财阀集团控制的垄断资本控制着台湾的工业生产。"台湾总督府"主要控制铁路、矿山、港口、电力、食盐、樟脑、烟酒等工业企业。

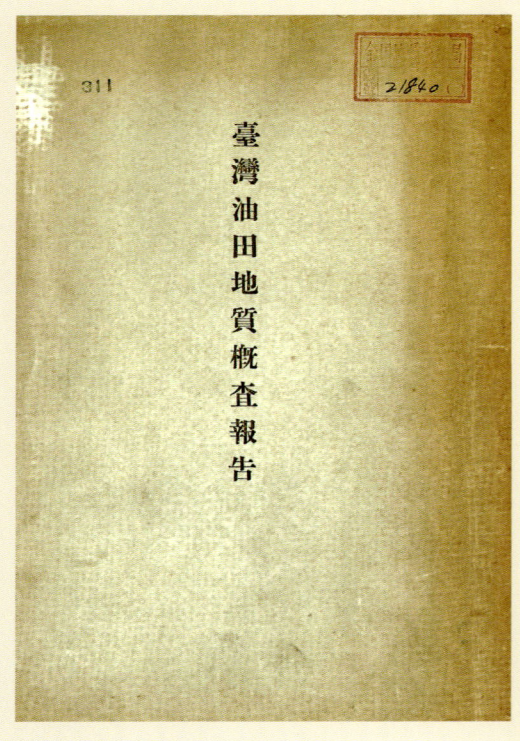
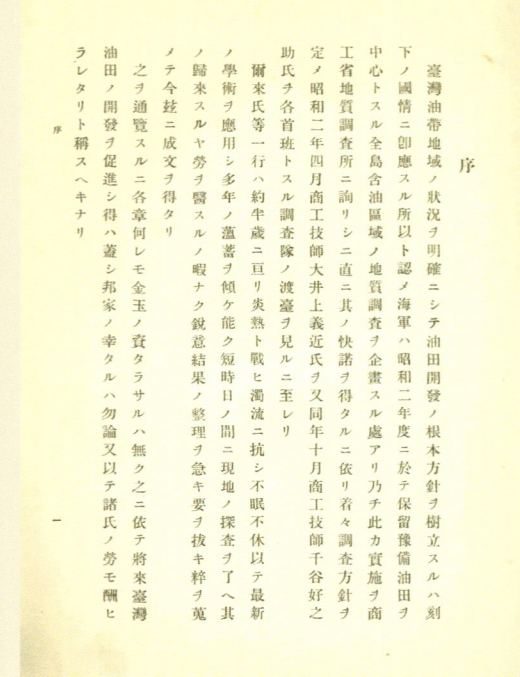
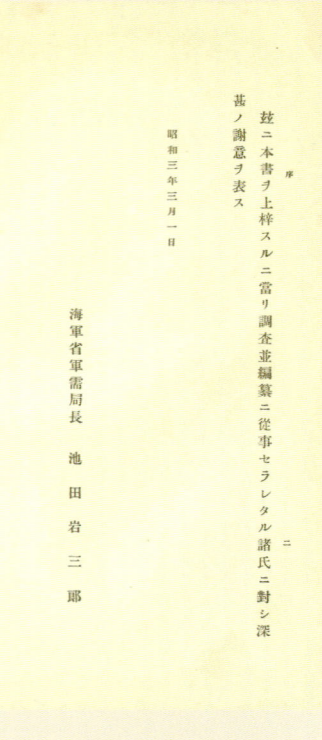

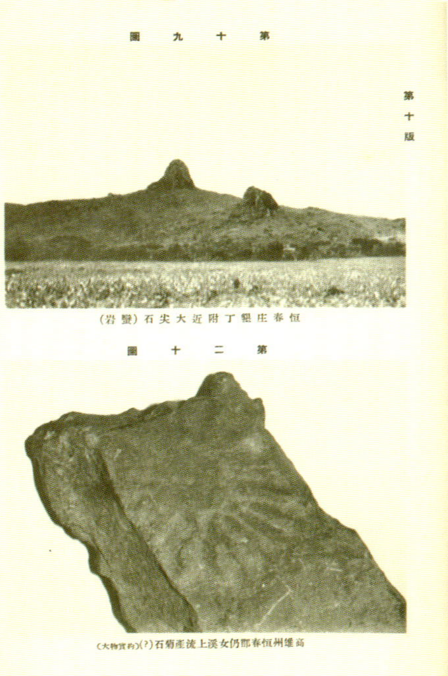

二 日本对中国矿产资源的疯狂掠夺

1928年（昭和三年）日本海军省军需局长池田岩三郎编制的《台湾油田地质概查报告》，其中详细描述了日本侵略者对石油的迫切渴求，并以此为方针对台湾进行了全面系统的石油地质勘查

第一部分 日本对中国矿产资源的觊觎与掠夺

三　侵华日军以地质调查先行服务军事行动

兵要地质

兵要地质是兵要地志的一种，是指军事部门为了军事活动搜集作战区域内的地质、地形、地貌、河流、交通等各类信息。日军指挥机关大多设有兵要地质部门。

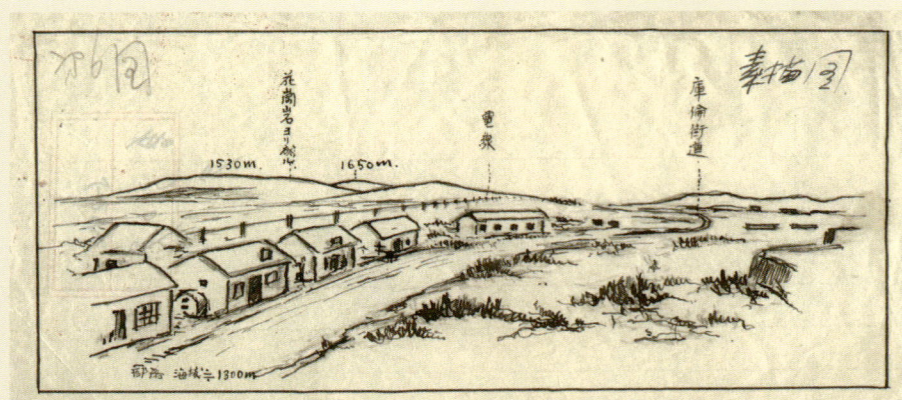

绥远特别调查中进行的地形素描

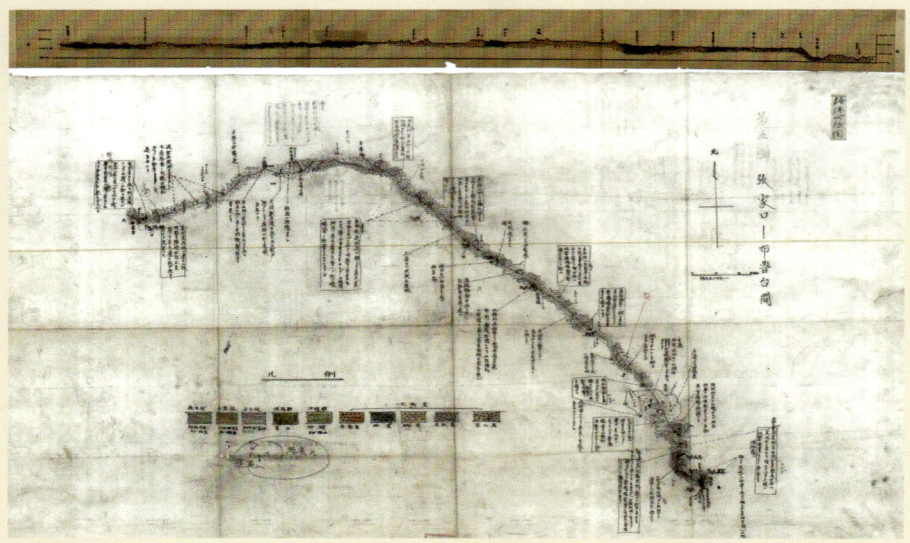

张家口—布鲁台间路线地质图，在本图中日本踏勘人员详细记录了沿途的地质地形特点，并给出相关军事行动建议（如何处适合建设攻击阵地，何处适合渡河等）

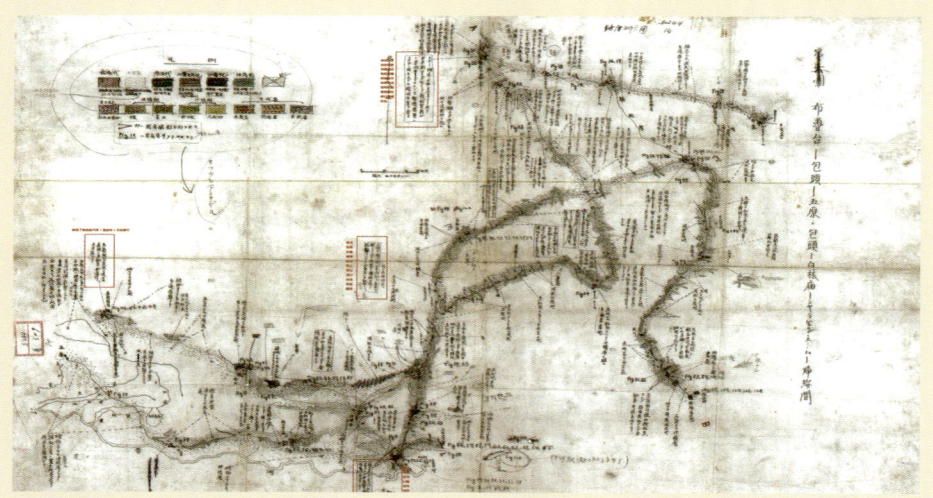

布鲁台—包头—五原及包头—百林庙—归绥间路线地质图，详细记录了沿途地质地形特点，圈定了阵地预设地点及其他军事行动须注意的事项

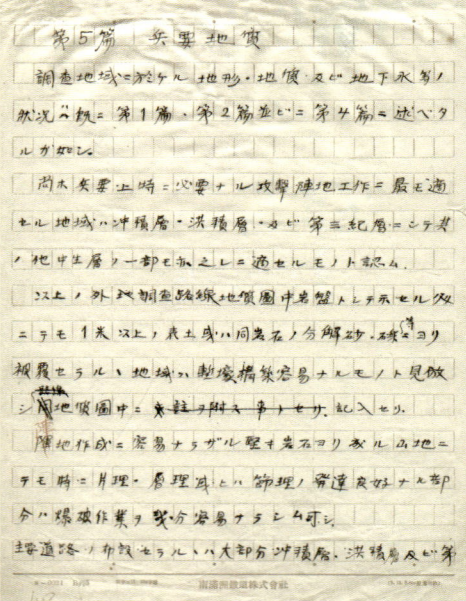

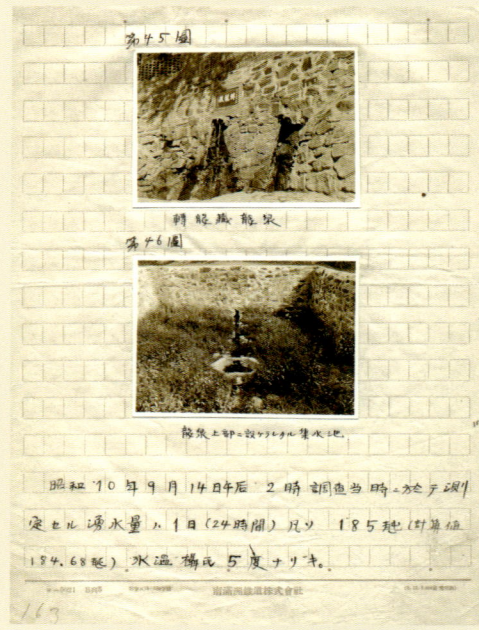

《绥远特别调查——地质调查报告》的兵要地质章节，其中描述了何处种何种地质结构适合作战阵地的建设

三 侵华日军以地质调查先行服务军事行动

给水调查

从1933年开始,关东军要求"满铁"地质调查所和"满铁"经济调查会对"北满"等地进行兵要给水调查。由于当时地质调查所包括所长在内的地质技师不过16人,因此特意从日本国内抽调了20名地质技师和助手,在"北满"及边境地区配合日军开展兵要给水调查。

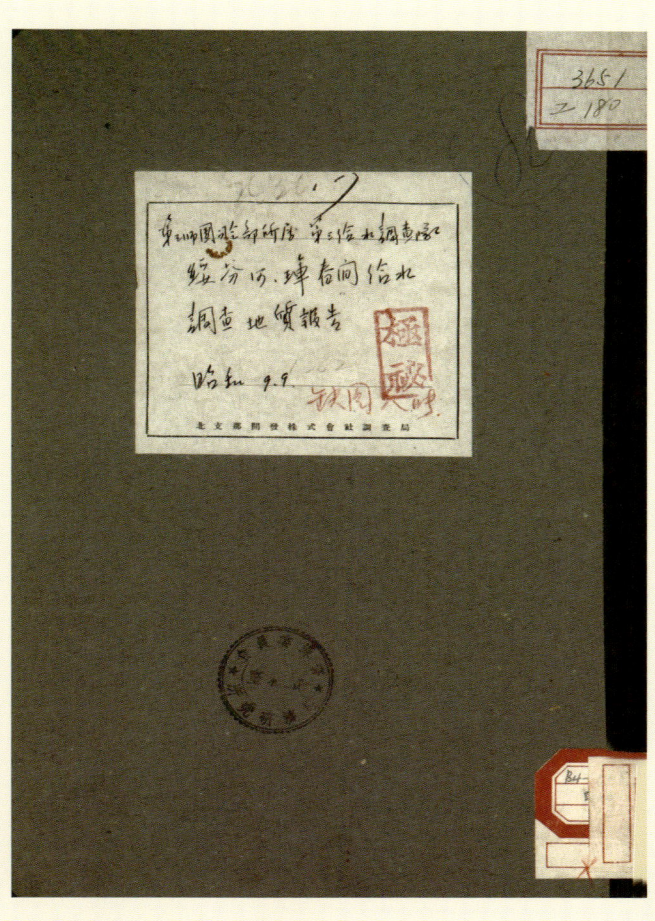

第三师团司令部所属第三给水调查队《绥芬河－珲春间给水调查地质报告》

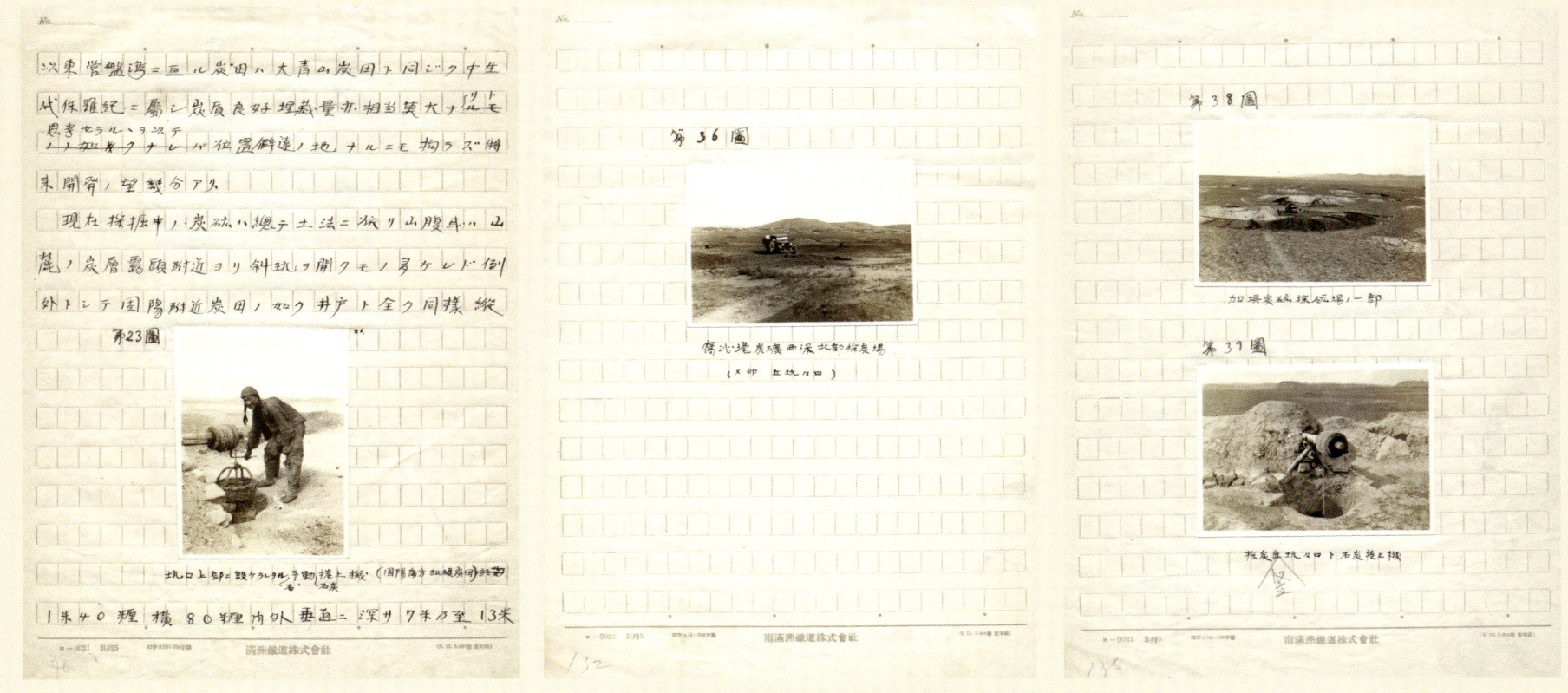

给水调查中拍摄的照片,同时详细记录了调查点的涌水量及水温等内容

第一部分 日本对中国矿产资源的觊觎与掠夺

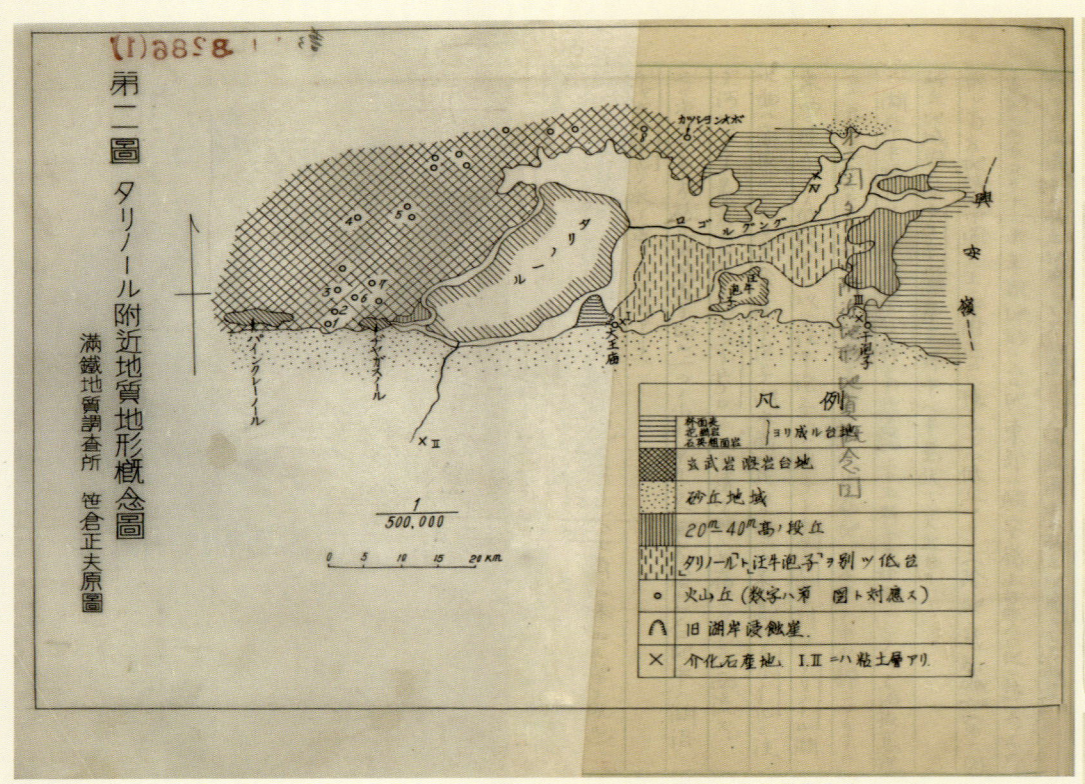

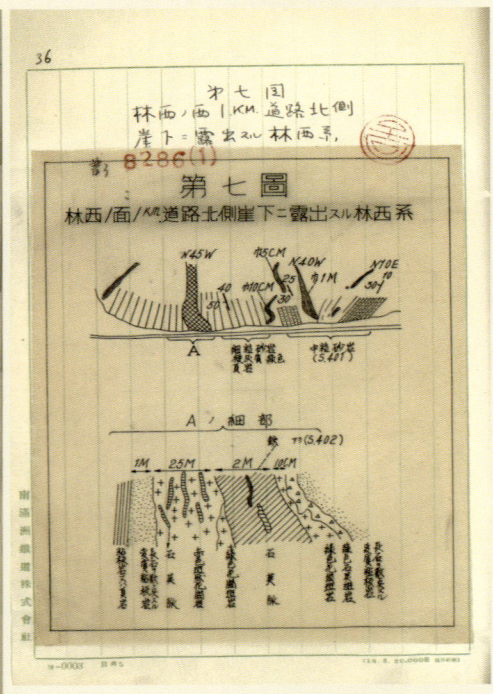

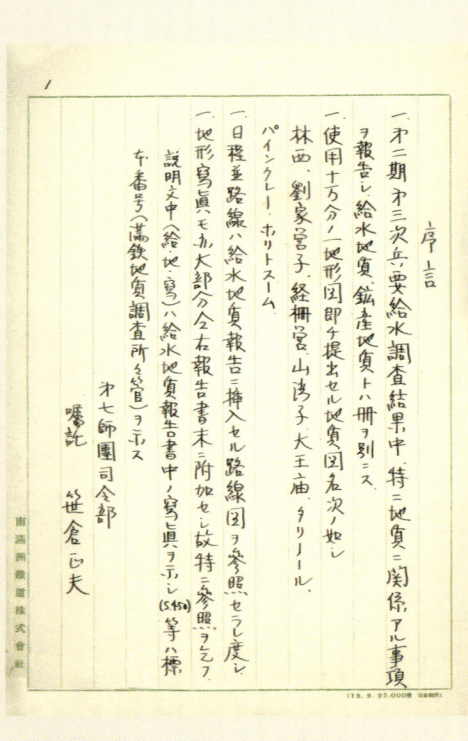

第七师团司令部所属第二给水调查队
《兴安西分省 林西-经棚-西部国境 兵要给水调查》

三　侵华日军以地质调查先行服务军事行动

第一次湿地调查B路线地质图

东北湿地调查

　　东北拥有极其丰富的森林等土木材料资源，特别是大片的原始森林、珍贵的稀有树种更是日本侵略者梦寐以求的。日本占领东北以后，随着军需木材量的不断扩大，日本相关机构在黑龙江东部密山、东宁地区进行了大量的土木材料调查工作，主要目的是为修筑战争道路和军事设施寻找材料以满足军事布防的需求。

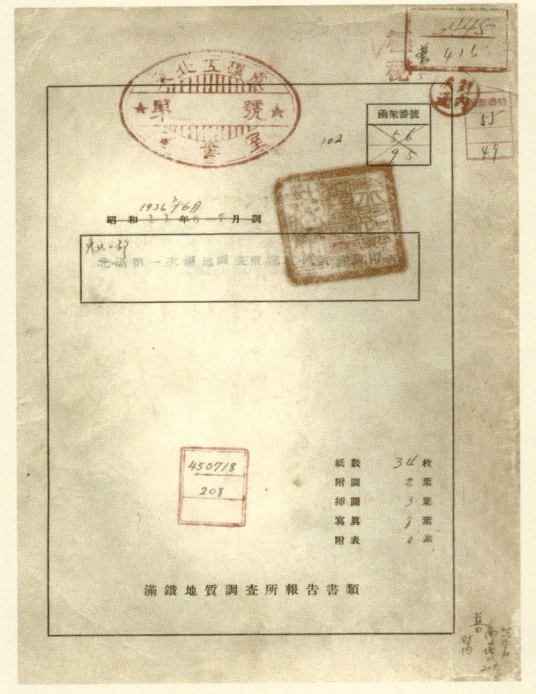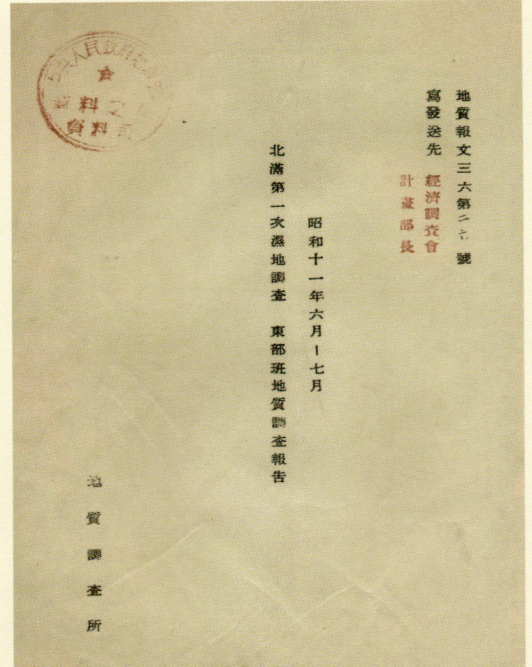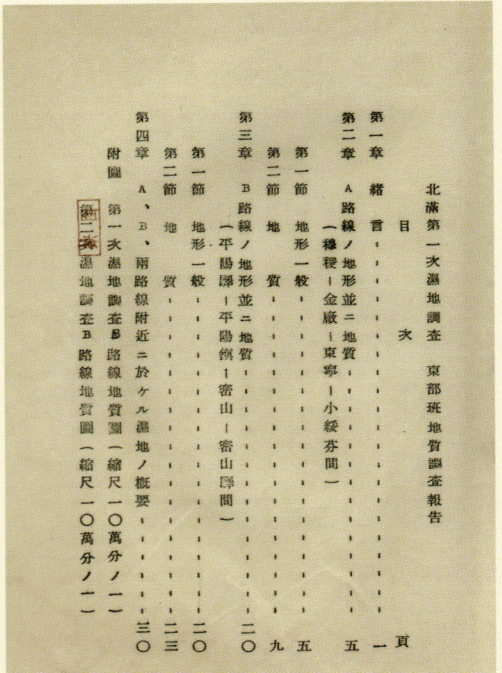
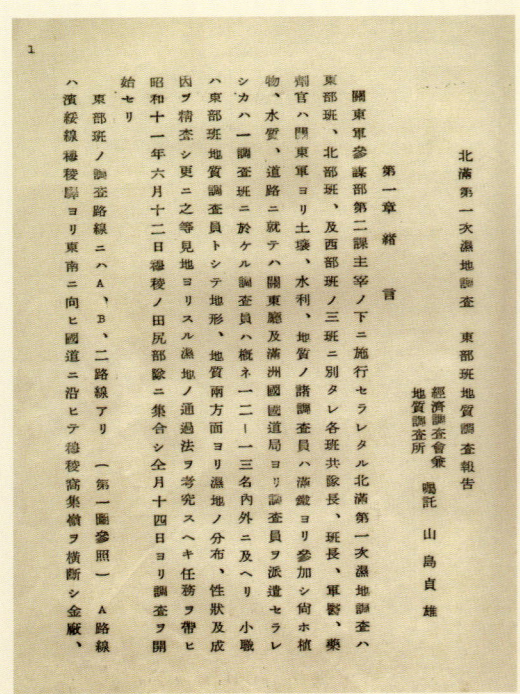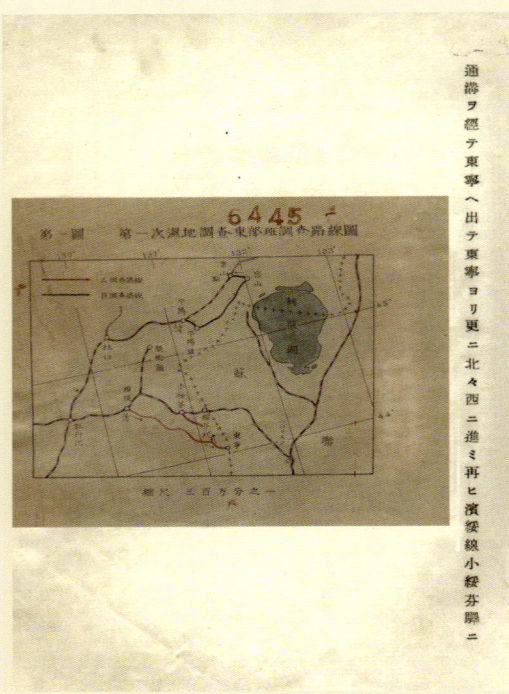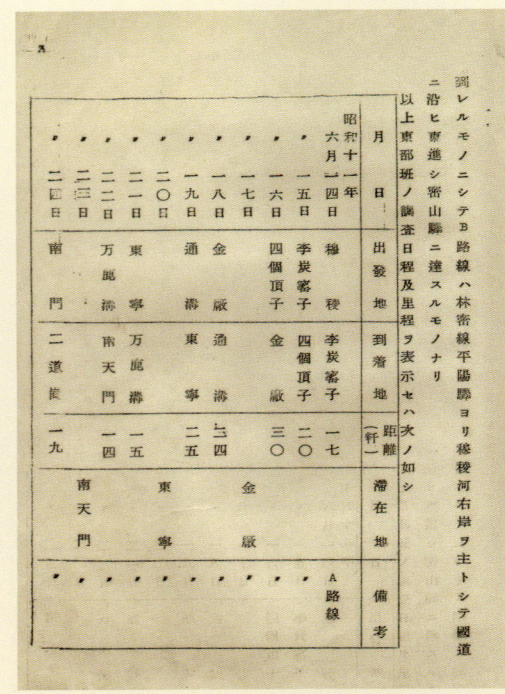
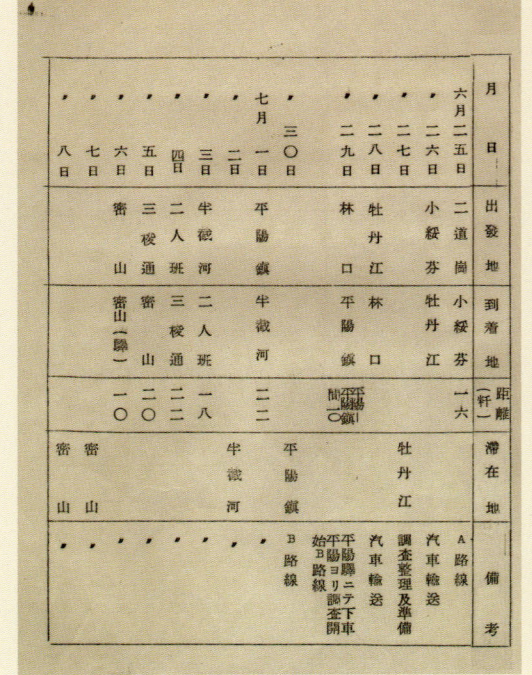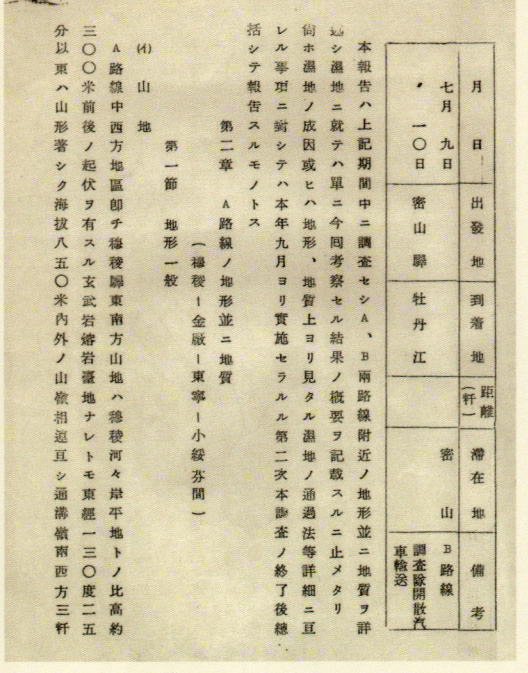

"《北满第一次湿地调查东部班地质调查报告》"

河流调查

为便利今后的军事行动，从1924年开始，日本对我国华北地区五大河（永定河、子牙河、大清河和南、北运河）水文情况进行了系统的监测，监测了各条河流的流域面积、流速、地质、河水含砂量等相关信息，同时也监测了不同时期各条河流的洪水情况。1940年后详细调查了我国黄河及黄河上游的水文与航运情况。

極秘

分類番號 No.672

昭和17年12月

1942.12

河曲上游黄河ノ河川並航運概況

（黄河関係調査資料附録）

中央地質調査所北平分所

在張家口大日本帝國大使館事務所

凡例

1. 本稿ハ黄河上游関係調査資料ノ附録トシテ 黄河上流地方ノ概況 一（興亜院蒙疆連絡部 蒙疆調査資料第47號）ヨリソノ一部ヲ抜萃セルモノデアル

1. 執筆者 黄河上流調査委員第四部会

幹事 高橋榮一（華北交通資業局）

昭和17年12月

黄河上流調査委員會

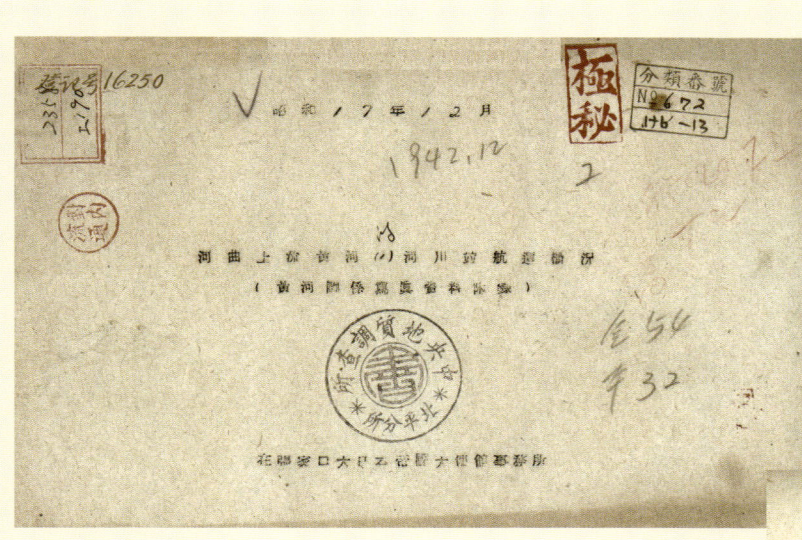

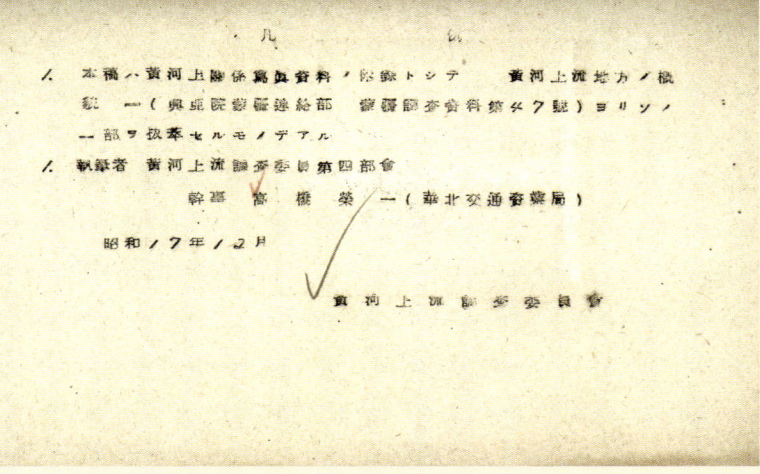

“张家口大日本帝国大使馆事务所”于1942年编著的《黄河河曲上游河川航运概况》，其中记述了河川的概况和航运的概况，更详细的是其还记录了各种船只拉送不同货物物资的水运价格

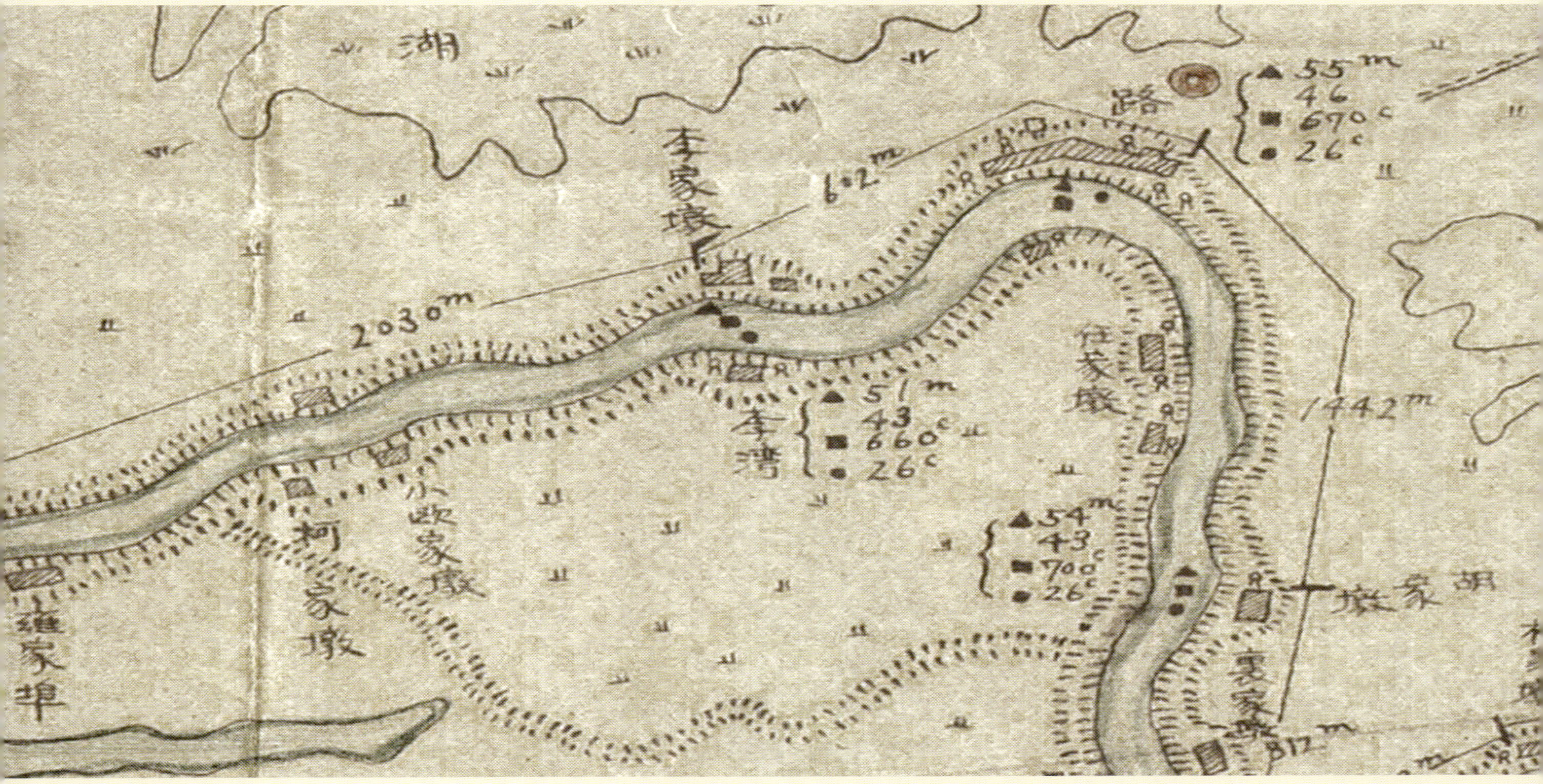

日本人测量湖北地区河段长度等信息，并详细绘制成图

第一部分 日本对中国矿产资源的觊觎与掠夺

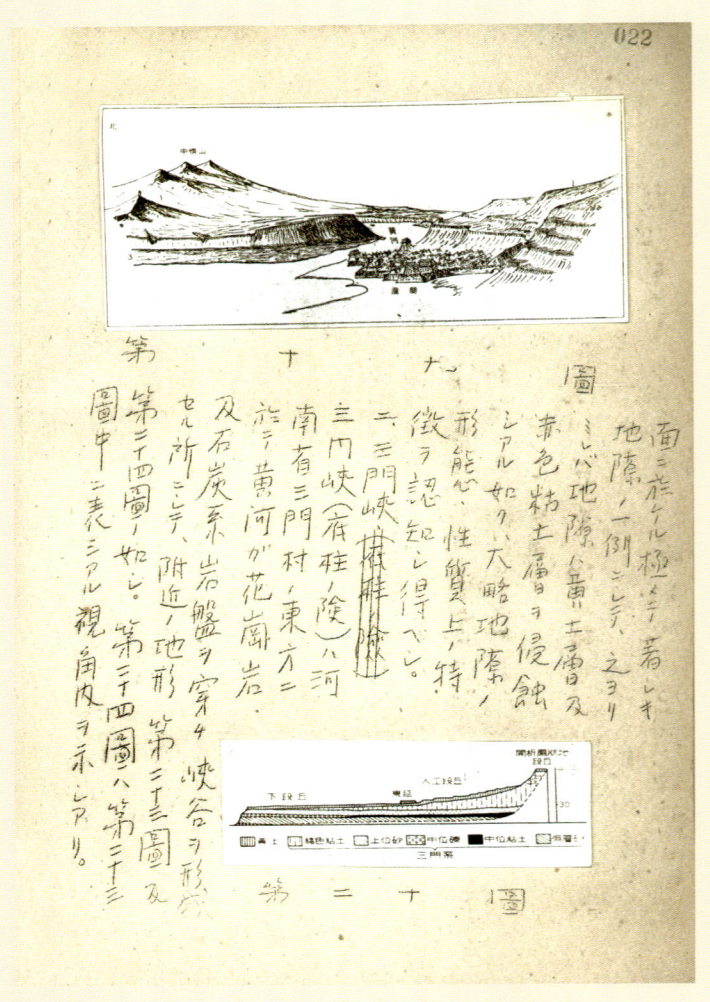

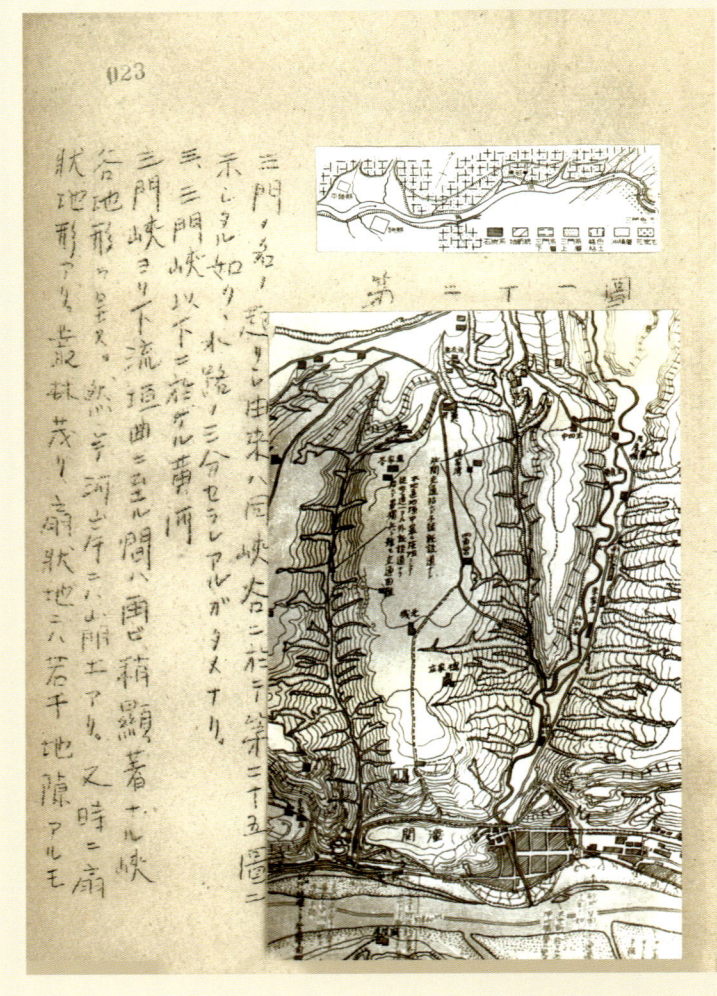

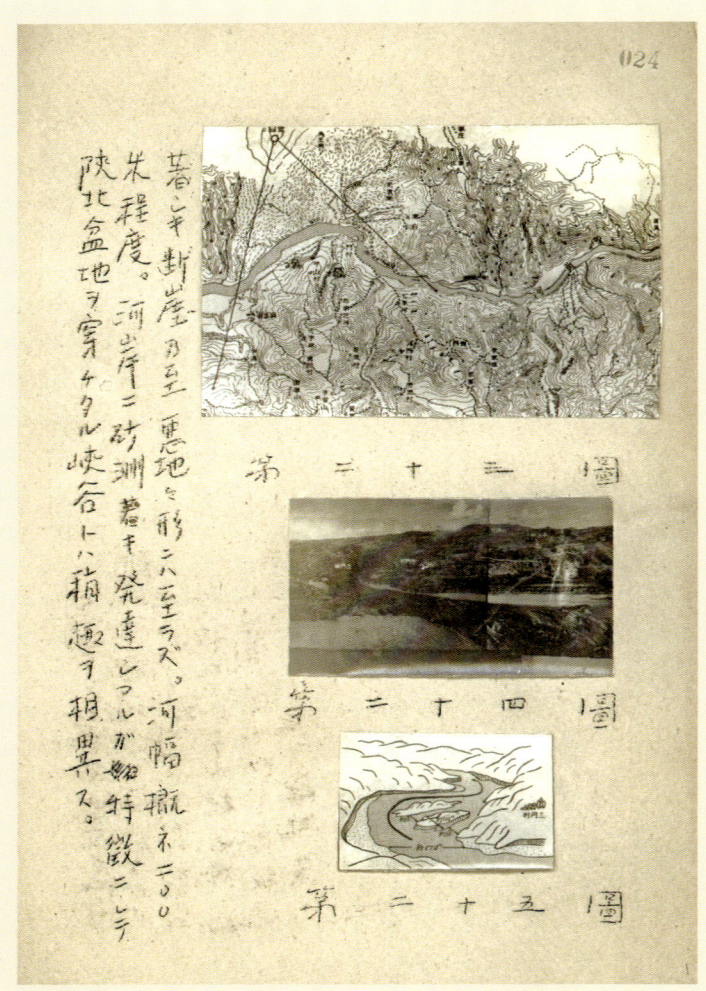

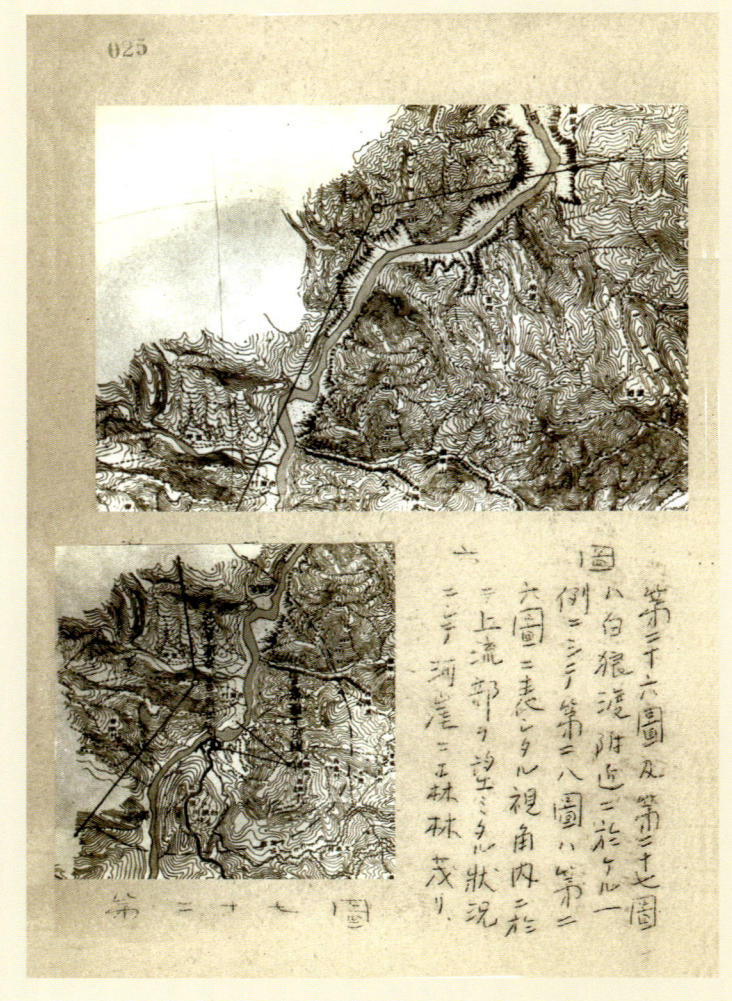

戴田延男编著的《黄河之概观》，详细记述了黄河入海口的改变

第二部分

地质矿产调查支持全面抗战

地质调查不仅为全面抗战提供矿产资源保障（如煤炭、铁、铜等），而且为抗战时期公路建设、水利设施建设提供支撑，也为战时生活、生产提供物质保障（如盐矿、磷矿）。

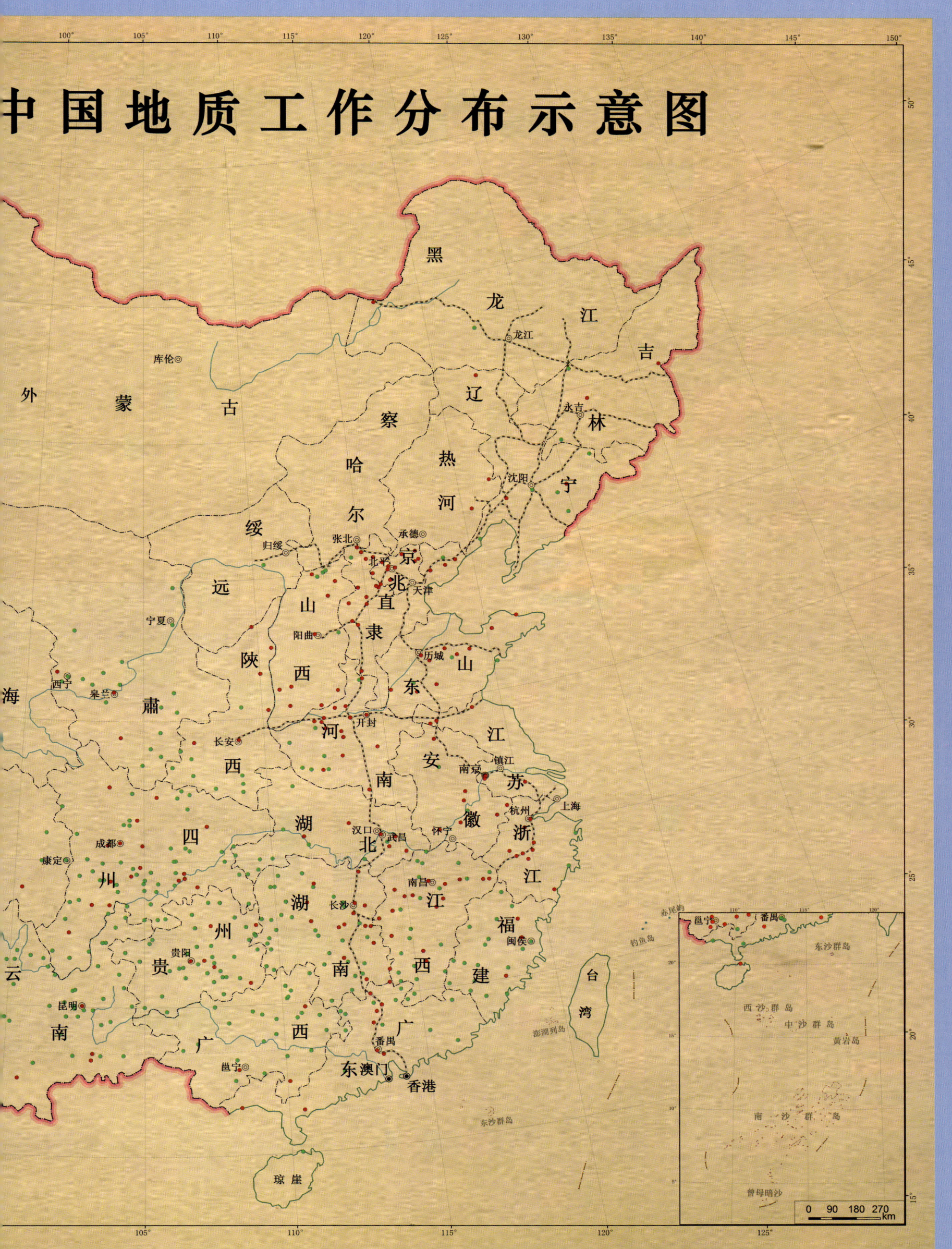

一 战前的准备

"九一八事变"后,中国预感到中日间的全面战争迟早爆发,根据学者们的建议,从1932年开始设立国防设计委员会,由翁文灏担任秘书长,动员包括地质学家在内的各行业学者专家,筹划加快我国工业化进程,为即将到来的全面战争做预先准备。

国防设计委员会原料与制造组在翁文灏、丁文江具体主持下,组织国内地质学界专家就中国矿产资源及战时如何开发利用问题展开调查和设计,重点是煤、铁、石油及具有战略地位的钨、锡、锑等特种金属矿藏。煤矿的调查,一是沿铁路、长江,详细调查已开发煤矿的生产运销情形,为战时实施燃料统制作准备;二是内地发展重工业需要新开或扩充的矿场,如江西萍乡、高坑、天河及湖南潭家山等。

此外,他们还对四川、青海的金矿,长江流域各省及山东、福建的铁矿,湖北、河南、山西、四川、云南各省的铜矿,湖南、广西的铅锌矿,湖南、江西的钨锑锰矿,云南的锡及钨锑矿,浙江的矾土矿,黄河壶口、甘肃黄河、长江上游、浙东、四川的水力,以及西北地区矿藏等进行了专题调查。

汽油有现代工业血液之称,国防意义重大。国防设计委员会根据地质学家王竹泉、潘钟祥等对陕北石油地质的调查,成立了以孙越崎为处长的陕北油矿探勘处(1934年),从事陕北石油开发;根据黄汲清等人的调查,成立了四川石油探勘处(1936年),开展四川石油、天然气开发。

资源委员会1937年初与地质调查所合作,在地质调查所成立矿产测勘室,由著名矿产地质学家谢家荣主持,专门从事地质矿产测勘,在中国西部地区寻找能源及工业原料。抗战爆发后,以该室为基础逐步发展扩大成资源委员会矿产测勘处,在后方寻找矿产能源方面发挥了重要作用,成为国内最重要的三大地质机构之一。

开展交通沿线煤炭资源调查

根据国民政府的安排,中国地质调查部门沿长江、平汉线、湘鄂线等交通干线,开展煤炭资源调查,为建立内陆地区工矿业和战时东部沿海地区工矿业内迁做好准备。《湘鄂路沿线煤矿调查报告》系统而又全面地总结了这些交通沿线煤矿(业)的位置交通、沿革资本、矿局组织及地质、煤层储量、采矿工程、矿场设备等情况,特别是对各矿今后的发展提出了希望,为资源委员会提出了煤资源开发利用的合理化建议,体现了当时地质工作为战前燃料准备作出的贡献。

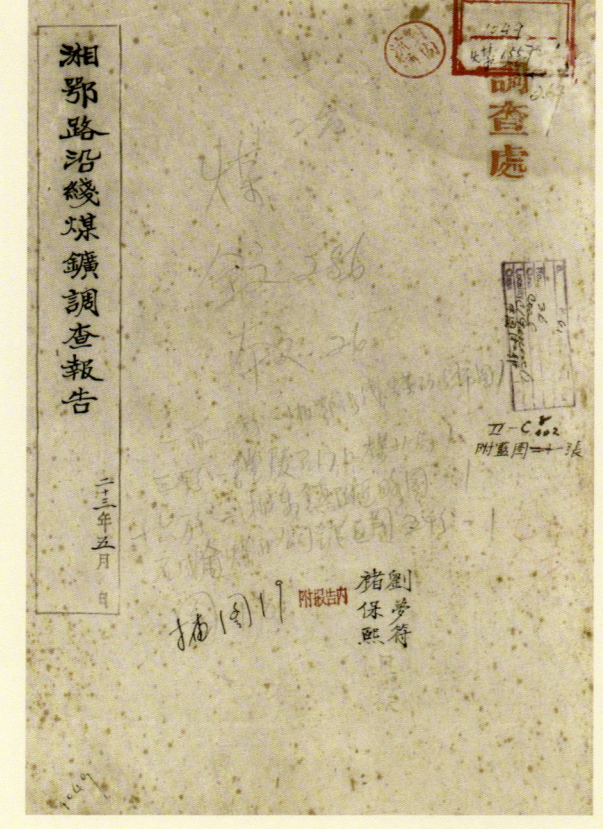

一、战前的准备

湘鄂路沿线煤矿调查报告

绪论

湘鄂路为粤汉铁路之北段，起自武昌，止于株州，於民国卅年关乡煤矿自然为粤汉铁路之北段长五百余公里。沿线煤矿最著者为安源达之萍乡煤矿，故称第四段。全路达六千余吨，威减时期每日产量亦达三千余吨。惟连年迭遭兵灾，兼以工业日趋衰落，煤焦销路逐见减少。延至今日每日产煤只五百余吨，推销尚感困难，故铁济方面之顿窘窭不堪言状。湘鄂沿线之惟一大镇其蒸荼如此，则地镇站亦可想见矣！醒陵石门口煤矿於民国十九年始由湖南建设厅收焊者辞。投资不过五十余万元，且平数载共贴累。每日产量高不足二百吨，湘鄂路沿线煤矿之建设厅猪均因随就简。

其规模者除萍乡煤矿外，亦大抵而已，此外有煤矿区域则均为土井，如湖北境内之铁鸦镇设资亦无过十余万元，民销路不佳。尤於民国二十年即行停办。每年产煤额数约约十五万吨。江西境内湖南每年产煤约八万吨。惟作鞍鞍最多。此外湘鄂路沿线煤矿之大概情形不久如何为明法，当地官厅亦无法取缔生自减而已。此湘鄂路沿线煤矿之大概情况也。兹将下列各编详述之。

层次	岩 名	煤层厚度	夹石厚度	附 註		层次	岩 名	煤层厚度	夹石厚度	附 註
1	花瓦砖	0.30				11	煤	0.20-0.30	0.50-0.80	
2	油泥砖	0.20				10	大砖三	0.30-0.45	0.50-1.50	曹
3	砂管砖	0.30				9	管 砖	0.35-0.45	0.30-1.20	
4	小底板	0.30	0.30			8	小底板	0.25-0.30		"
5	大底板	0.25-0.75	0.60			7	大底板	0.30-1.00		"
6	一夹砖	0.30-0.75	0.30			6	大砖二	0.50-2.50		现株
7	三夹砖	0.30-1.20	0.60-1.50			5	三夹砖	0.20-0.50	0.25-0.75	
8	小 砖	0.20				4				
9	连砖及大砖	1.30-3.00				3	大砖一	1.00-3.00		现株
10	青炭砖	0.30				2	房发砖	0.25-2.35	0.75-1.25	曹
11	麻姑砖	0.50-2.00				1	老 砖	0.20-0.30	0.30	曹
12	烂边砖	1.00-1.50								
						1	岳主砖	0.15	0.35	

附註：夹石即煤层内夹杂之页岩

刘梦符和褚保熙编写的《湘鄂路沿线煤矿调查报告》

程发和黄伯达编写的《长江下游煤矿调查报告》

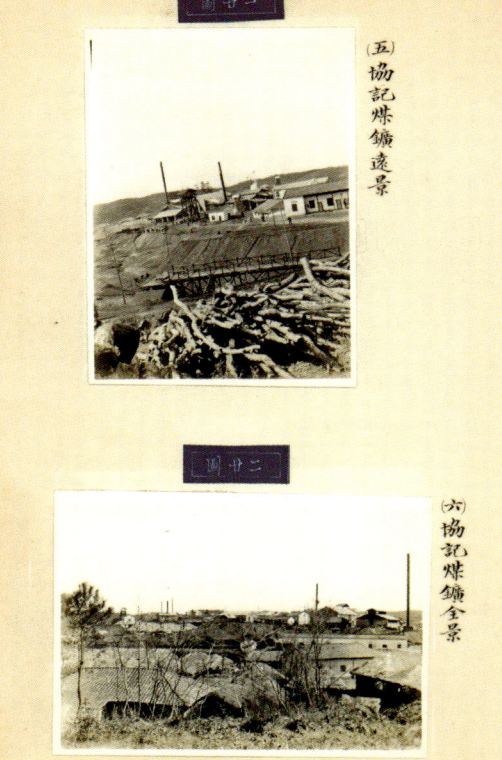

为内陆建立工矿业基地做准备

随着战争临近,国民政府加大了在湖南、广西、贵州等内陆省份找矿及建立新的矿业基地的力度。我国地质学家先后勘查了湖南茶陵铁矿、新化锑矿,对西南地区和西北地区矿产资源进行了专门调查。

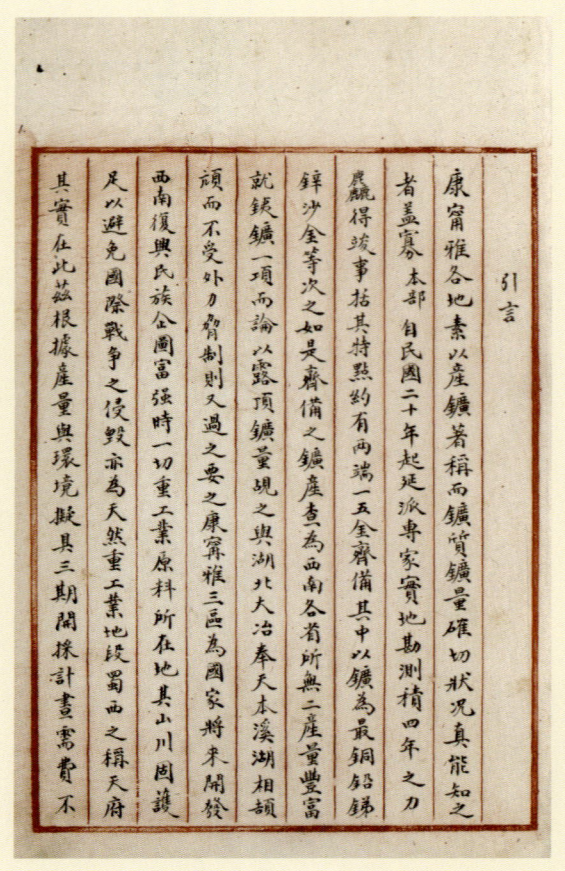

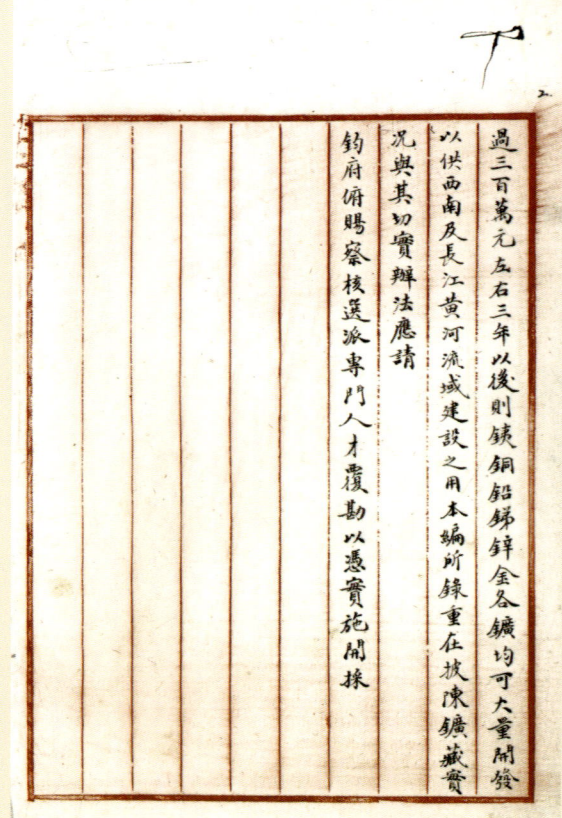

刘文辉提交的《开发康宁雅三属矿产计划草案》

战前的准备

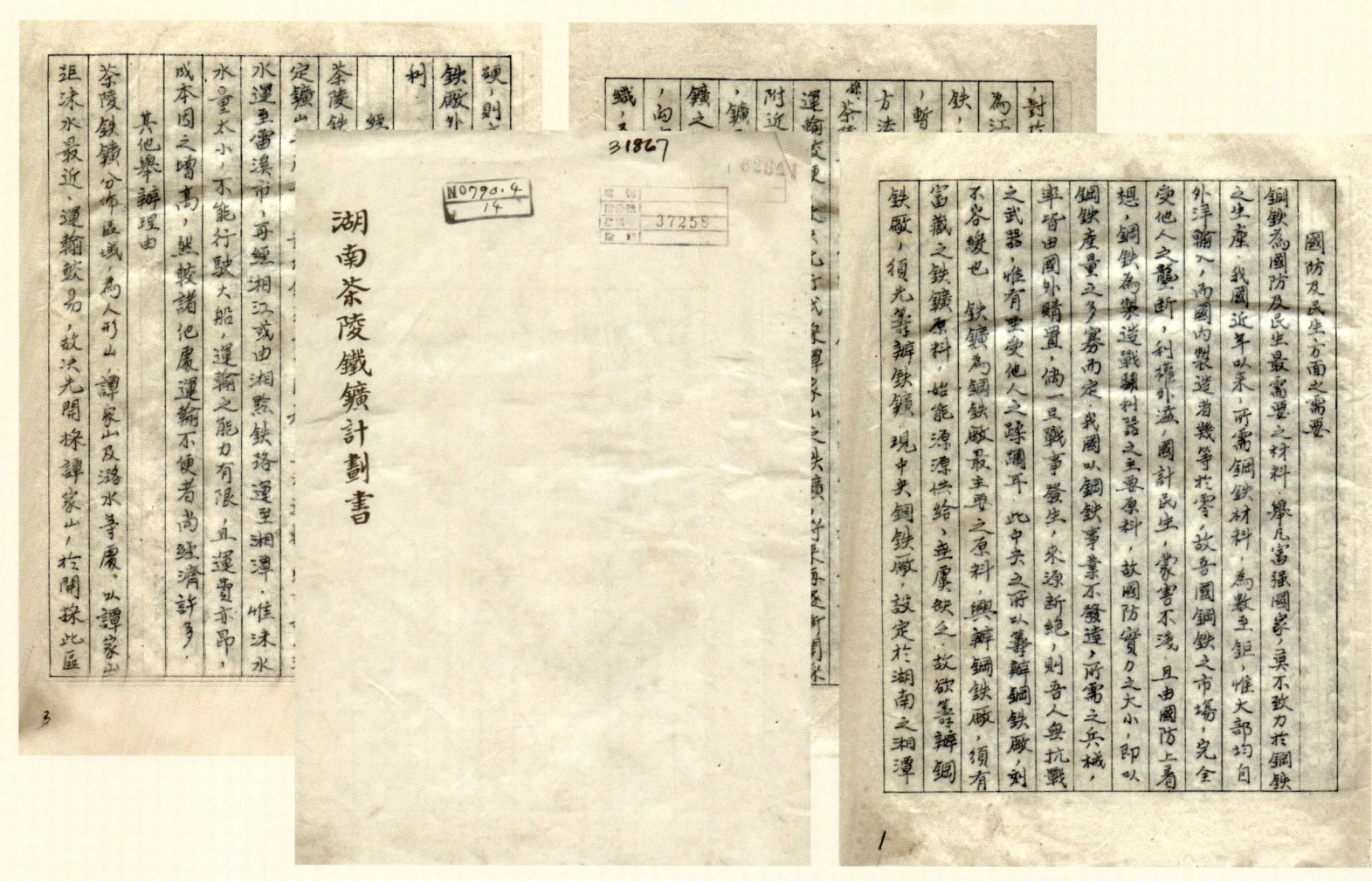

《湖南茶陵铁矿计划书》

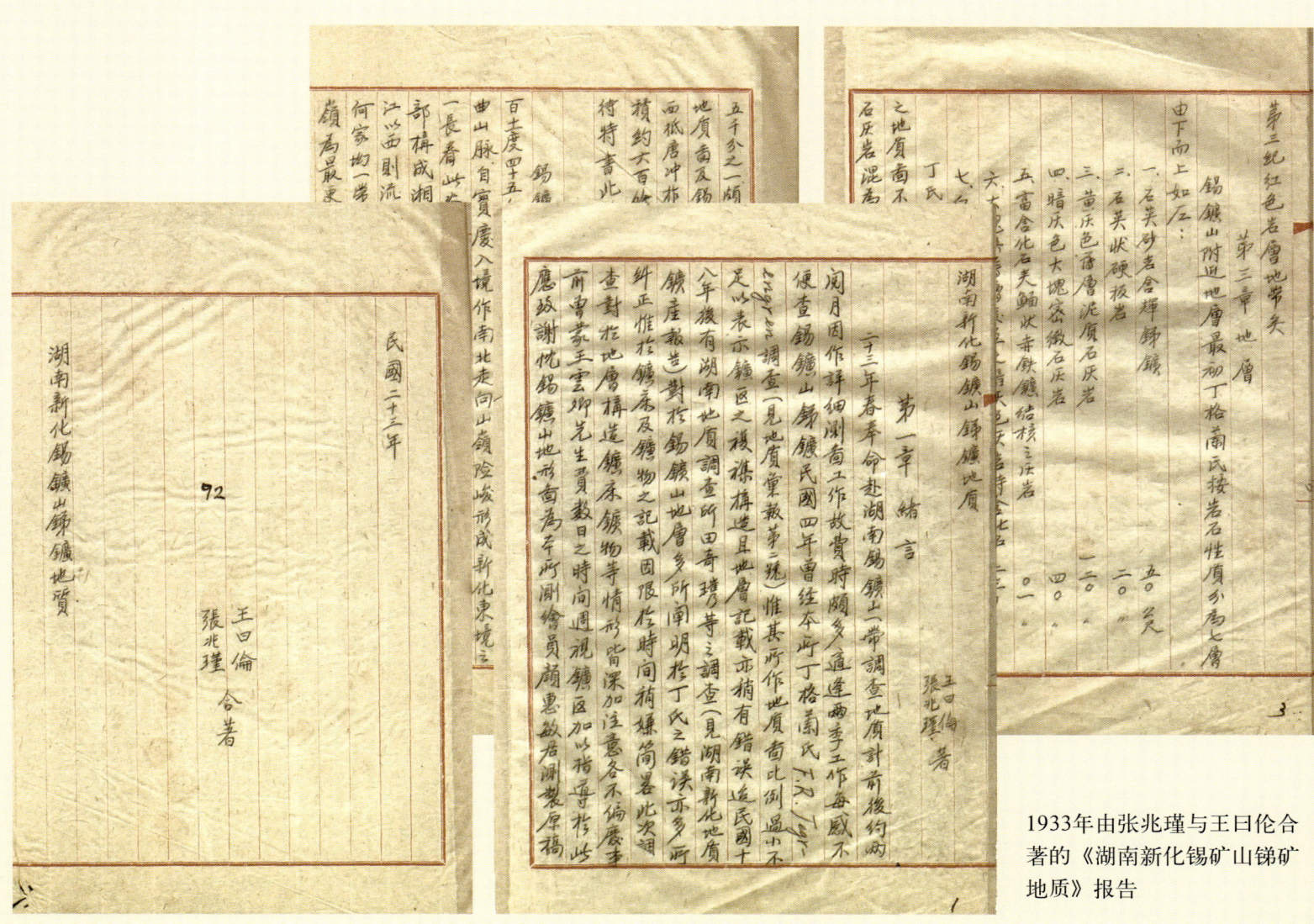

1933年由张兆瑾与王曰伦合著的《湖南新化锡矿山锑矿地质》报告

加紧开发陕北延长油田

战前国民政府已经认识到石油在现代战争中的作用，认为石油是国防的必需品。但当时的中国石油短缺到"油渴"状态，石油全部依赖进口，一旦国际社会发生变化，则石油来源被切断，形势即时危险。为了解决石油问题，国防设计委员会和全国经济委员会根据王竹泉、潘钟祥等人的调查结果，组织地质工作者，调集当时较为先进的设备在陕北延长地区开展石油调查，并建立延长石油厂进行开发。

1934年开展的国防设计委员会陕北油矿探勘工作是中国第一次不依赖外资及外国人，并利用部分国产机械开展石油勘查工作。在延长区第101号井钻探过程中，发现多处薄油层。

除在陕北进行石油地质调查外，国民政府还在四川等地进行石油、天然气的调查工作。

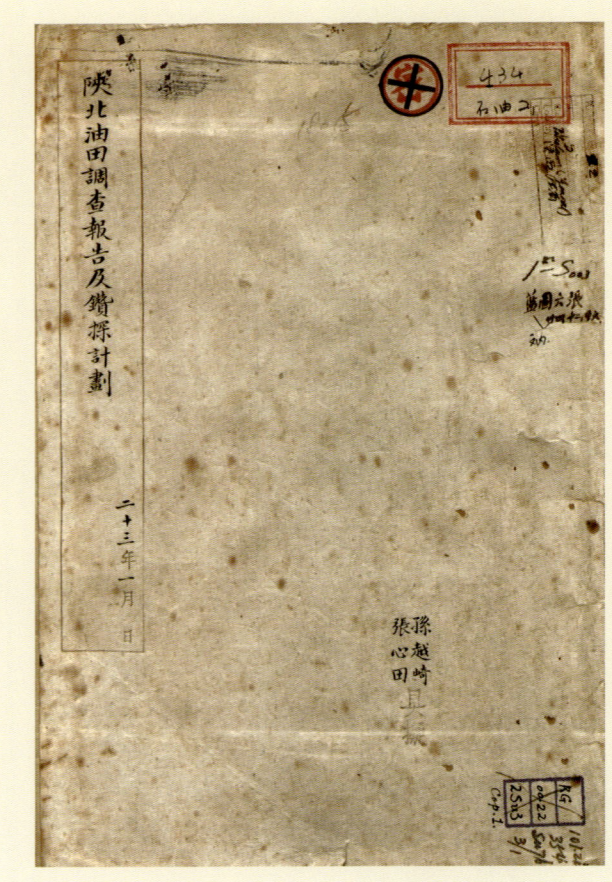

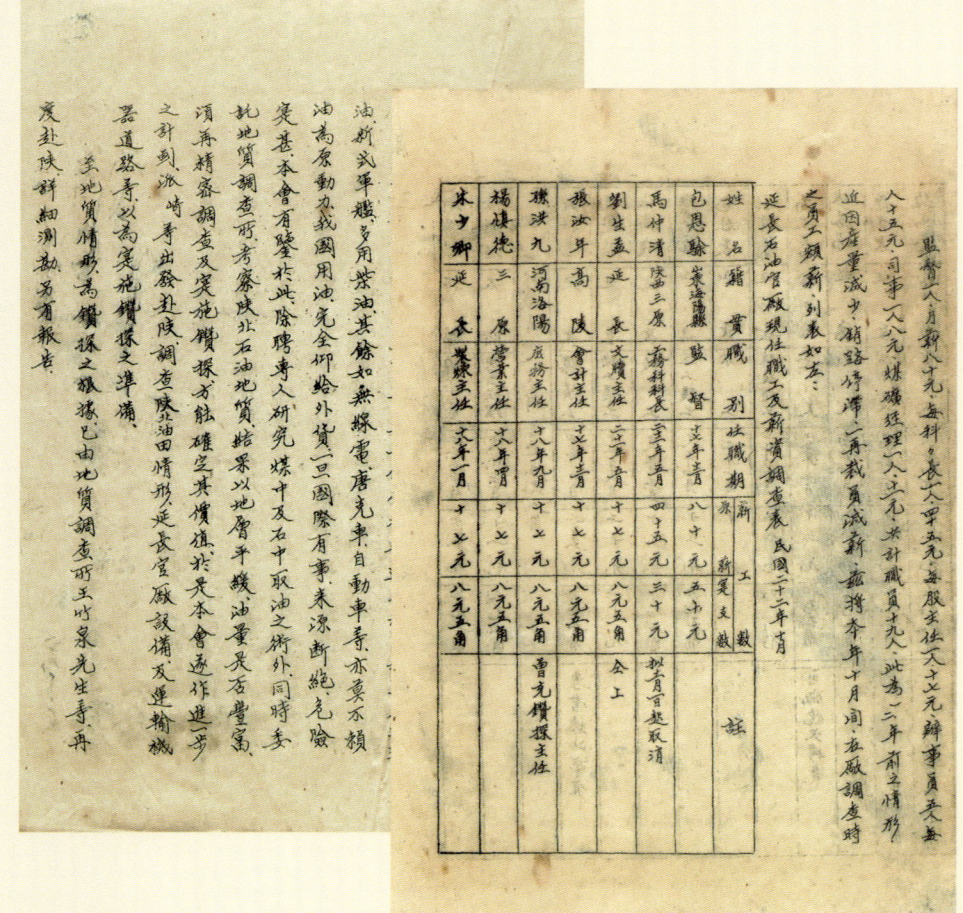

孙越崎和张心田编著的《陕北油田调查报告及钻探计划》

战前的准备

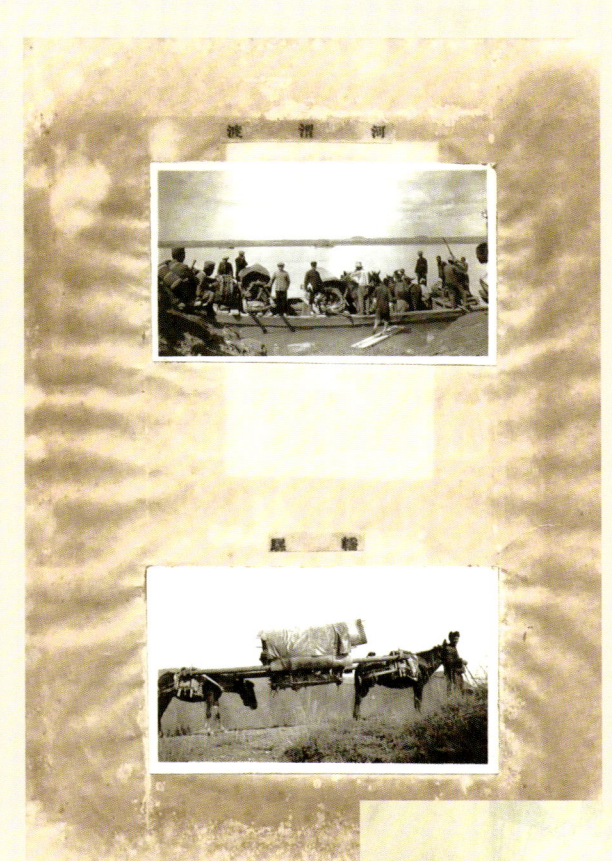

孙越崎和张心田编著的《陕北油田调查报告及钻探计划》

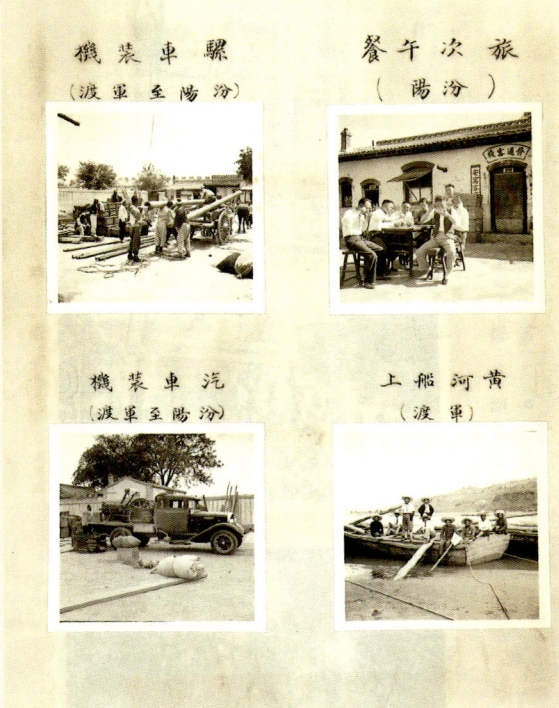

孙越崎编著的《国防设计委员会陕北油矿探勘工作报告》

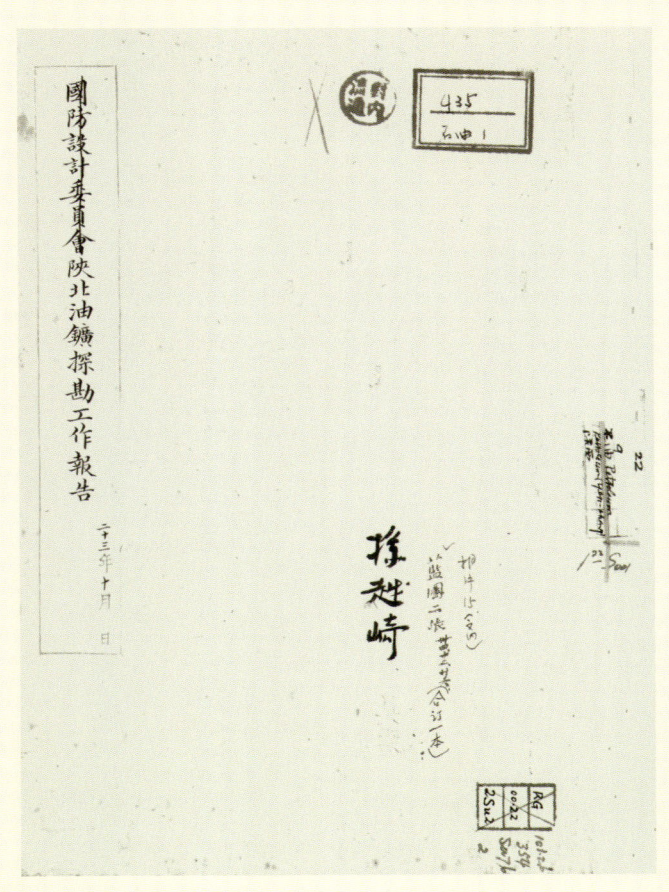

第二部分 地质矿产调查支持全面抗战

二 全面抗战时期的地质矿产调查与开发

全面抗战爆发后，地质学家们随国民政府迁往大后方，将勘测矿产、开发利用以支撑抗战视为己任，对以前多为空白的西部各省地质开展精密测勘，调查了煤、石油、天然气及河流水利等工业能源矿藏，发现了大批具有工业开发价值的矿产资源，扩大了对矿藏储量的认识，对支持抗战贡献巨大。

抗战时期的地质调查所

[中央地质调查机构]

1912年南京中华民国临时政府在农商部设置了矿物司，其下设有地质科，由章鸿钊任科长。在此基础上，1913年丁文江主持成立了工商部地质调查所并出任首任所长。因上级主管机关屡次变更，这个所先后被称为农商部地质调查所、实业部地质调查所、经济部地质调查所及中央地质调查所等。

1913-1916年，该所培养了中国近代首批地质人才22名（1913年秋招生30名，1916年7月结业时仅余22人，有18名正式毕业，4名肄业）。18名正式毕业生相继投入地质调查所工作，成为中国近代第一批地质人才。

1921年，丁文江赴北票煤矿任职，翁文灏代理所长至1925年，从1926年至1937年翁文灏任所长。（1928-1930年地质调查所先后设置古生物研究室、新生代研究室、沁园燃料研究室、矿物岩石研究室、地震研究室、土壤研究室、地质图书馆、地质矿产陈列馆等）。

1938年由黄汲清接替翁文灏任地质调查所所长。后因南京政府抗日战争失利，地质调查所也先迁至长沙余家冲（1937年12月至1938年7月），后迁至重庆北碚，隶属国民政府经济部。为了区别于省地质调查所，1941年夏将北碚的地质调查所定名为中央地质调查所。

1940年由尹赞勋接替黄汲清人代理所长，1942年李春昱被正式任命为所长，周赞衡为副所长，直至1950年。

原中央地质调查所旧址兵马司9号大门

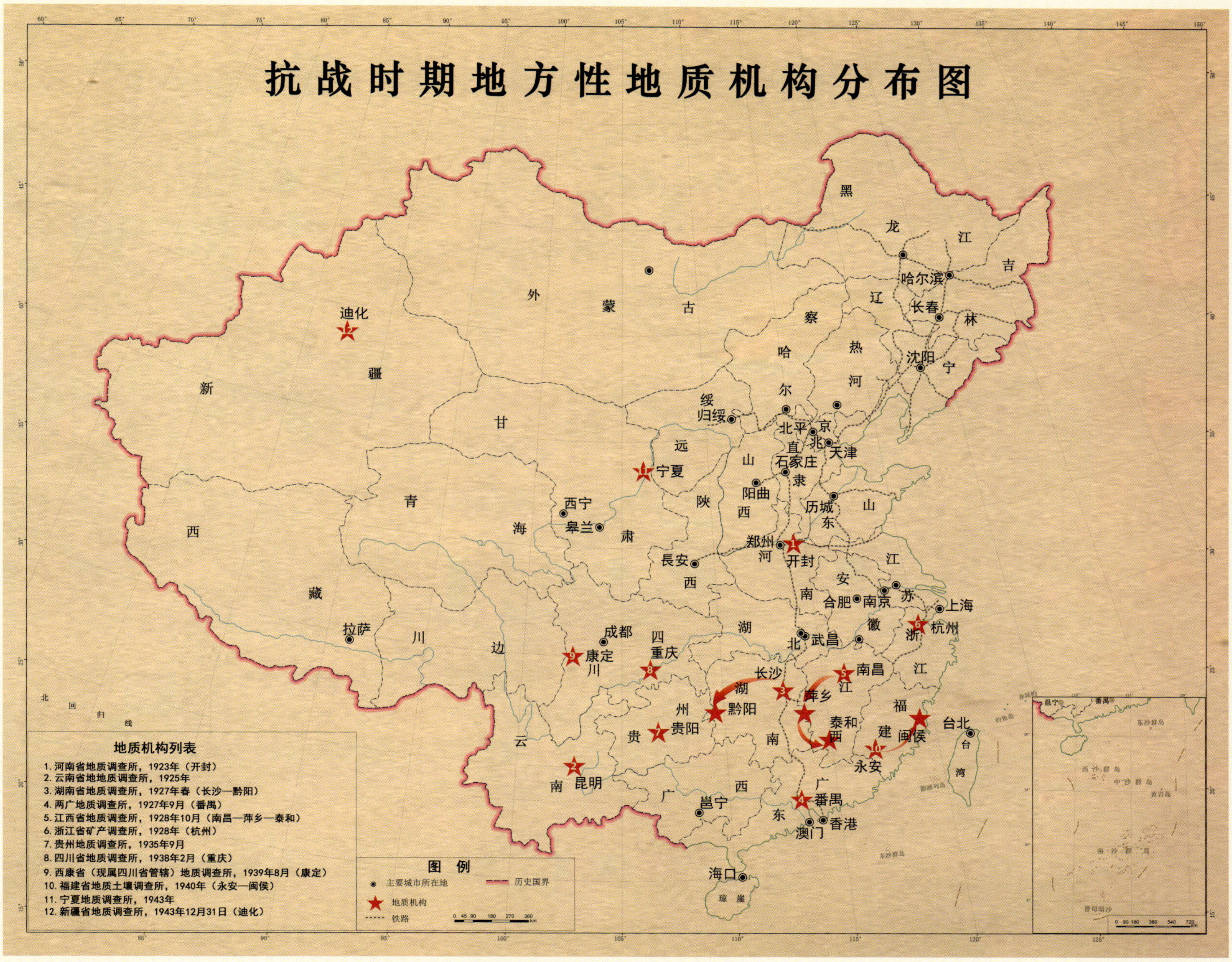

二、全面抗战时期的地质矿产调查与开发

抗战时期地方性地质机构分布图

[地方地质调查机构]

除中央地质调查机构外，部分省也成立了自己的地质调查所。

1923年，河南地质调查所成立，数年后停办，1931年又恢复，吴蔼辰、陈树玉、张人鉴、魏中谷任所长。

1925年，云南省实业厅地质调查所成立，朱庭祜任所长。

1927年，两广地质调查所成立，朱家骅、潘钟祥先后任所长。

1927年，湖南地质调查所成立，李毓尧、田奇㻪任所长。

1928年，江西地质调查所成立，卢其骏、尹赞勋、高平先后任所长。

1932年，中国西部科学院地质研究所成立，设立于重庆北碚，常隆庆任所长。

1935年，贵州地质调查所首建，朱庭祜任所长，1946年重建，由乐森璕任所长。

1936年，西康地质调查所成立，设立于康定，张伯颜任所长。

1938年，四川地质调查所成立，设立于重庆，李春昱、侯德封、常隆庆先后任所长。

1940年，福建地质调查所成立，原为福建省建设厅地质土壤调查所，后改称地质调查所。

1940年，陕甘宁边区地质矿冶学会成立，设立于延安，武衡任会长。

1944年，新疆地质调查所成立，王恒升任所长。

1944年，宁夏地质调查所成立，李士林任所长。

1946年，台湾地质调查所成立（接收台湾之日本地质调查所而建立），毕庆昌任所长。

重庆北碚文星湾，原中央地质调查所办公楼旧址

地质调查所在后方坚持开展调查工作

李悦言在四川开展盐矿调查，黄汲清等人在新疆开展油田地质调查，许德佑、陈康等人在西南地区开展三叠系地层研究，程裕淇、王曰伦等在云贵两地发现磷矿，有效保障了战时军事、民生等诸多方面物资需求。

地质调查所的学者在野外考察

全面加强战时矿产勘查工作

矿产测勘处初名叙昆铁路沿线探矿工程处，是根据前叙昆铁路矿业合作合同，由资源委员会与有关机关合办，于1940年6月15日正式成立。后来由于国

重庆大学院内矿产测勘处旧址

二 全面抗战时期的地质矿产调查与开发

际形势变化，叙昆沿线矿业合作合同暂时无法进行，于是奉命改组为西南矿产测勘处，于同年10月11日宣告成立，其工作范围限于贵州、云南、四川三省。到1942年9月，又奉命改组为矿产测勘处，并于同年10月1日正式成立，从此它的测勘范围，就不受省区的限制，成了一个全国性的矿产测勘机构。抗战期间，工作仍仅限于西南各省，到1945年秋日寇投降之后，广大失地相继收复，测勘人员的足迹遍布大江上下、塞北岭南，这才成了一个名副其实的全国性矿产测勘机构。

矿产测勘处在谢家荣领导下，抗战期间以云南、贵州、四川三省为工作范围，进行了大面积的基础地质调查。

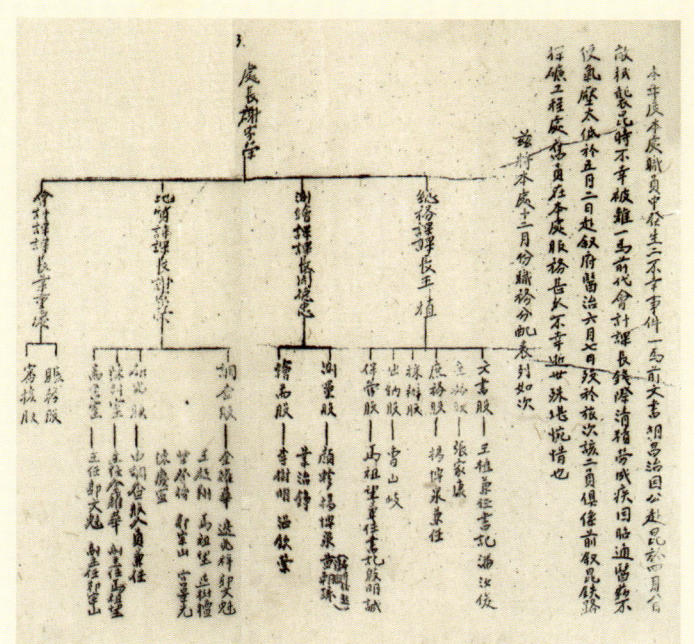

1940-1945年矿产测勘处地质调查工作统计表

矿产测勘处同仁留影

需求导向　突出应用

根据翁文灏的指令，中国地质工作者在辛苦调查的基础上，撰写了诸多有战时特点的地质报告，诸如"急就报告""地质简报""临时简报"，特点是直接切入矿产地质的主题，用最小的篇幅直截了当地告诉读者哪里有矿、矿质矿量如何，很多报告是毛笔手写的。还有"地质专报""地质矿产消息""经济研究报告"等报告，汇集某一时期内发现或勘查的地质矿产信息。

从1939年开始，中国地质工作者接受以前报告公开后被日本人利用的教训，开始注意保密问题。为防止日本侵略者再收集我方资料，开始在各类报告上标注"秘密参考材料"，以保护我国矿产的秘密。

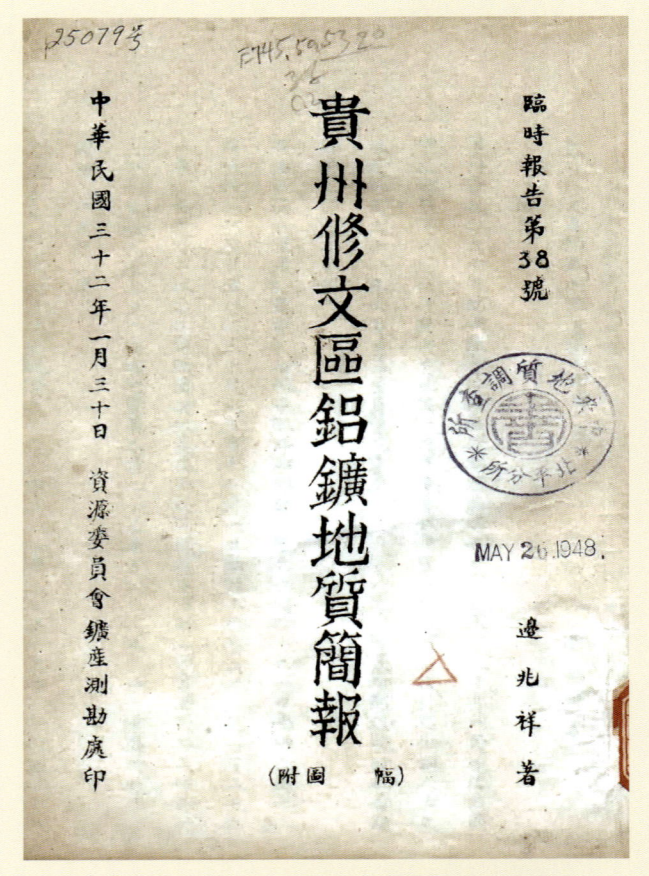

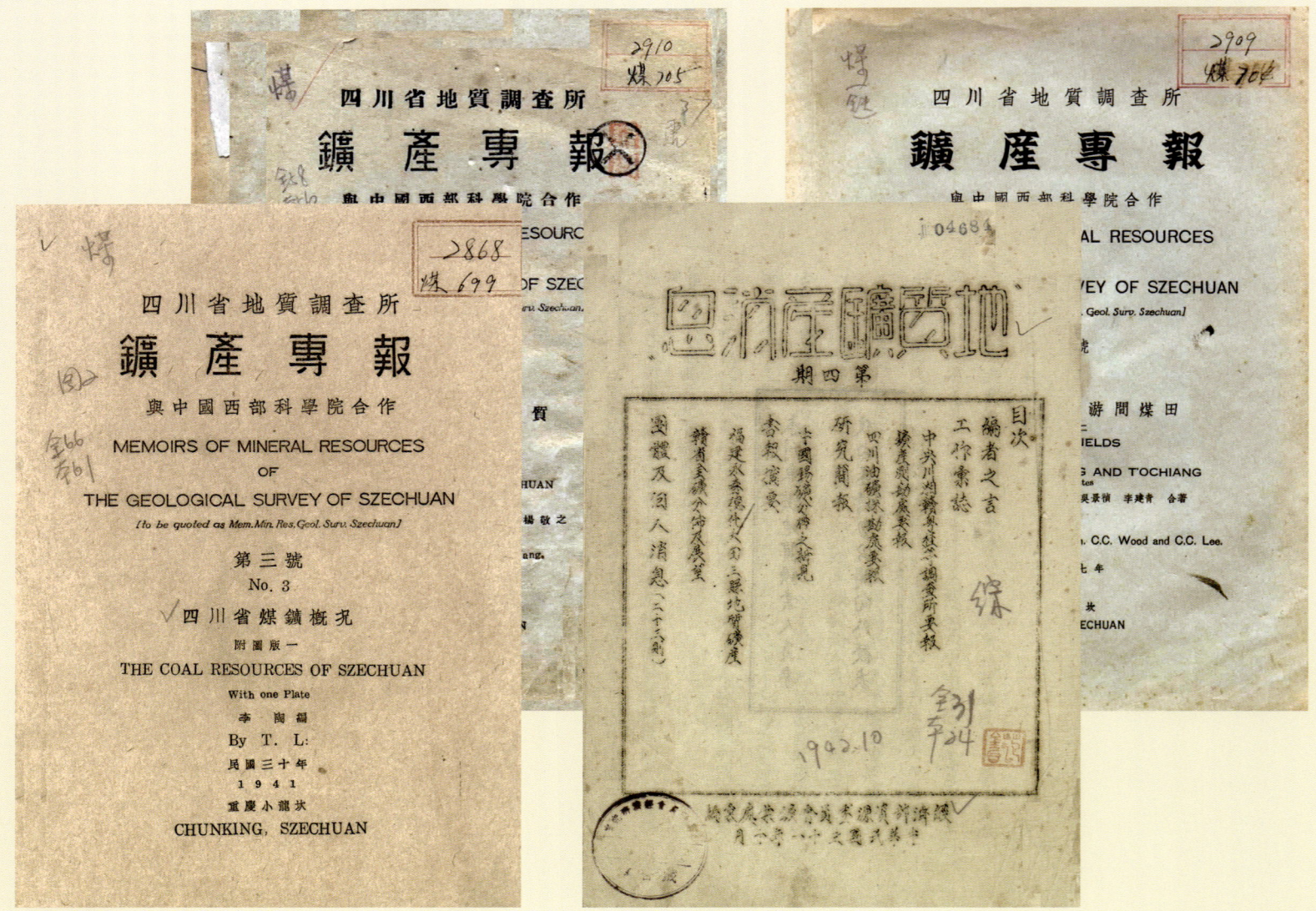

二 全面抗战时期的地质矿产调查与开发

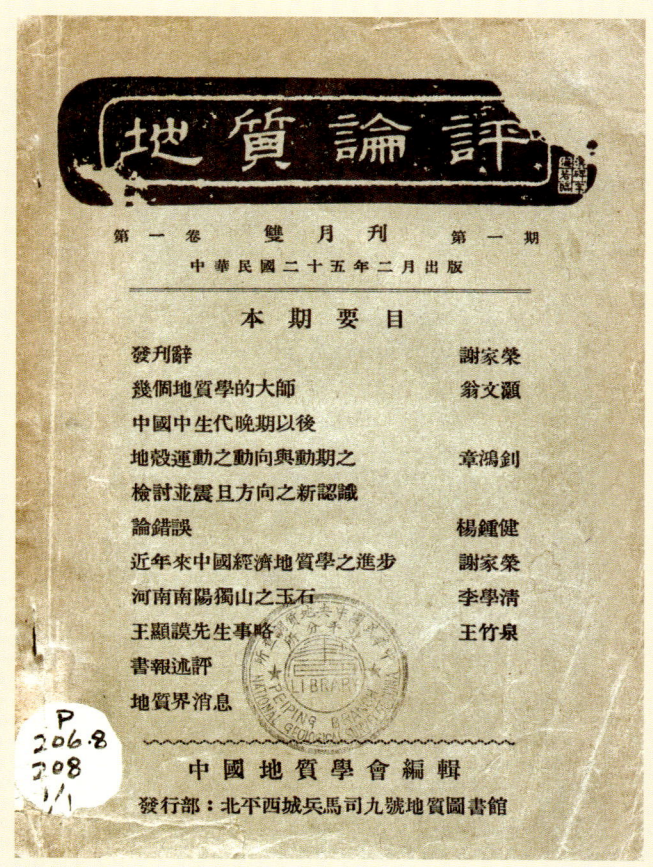
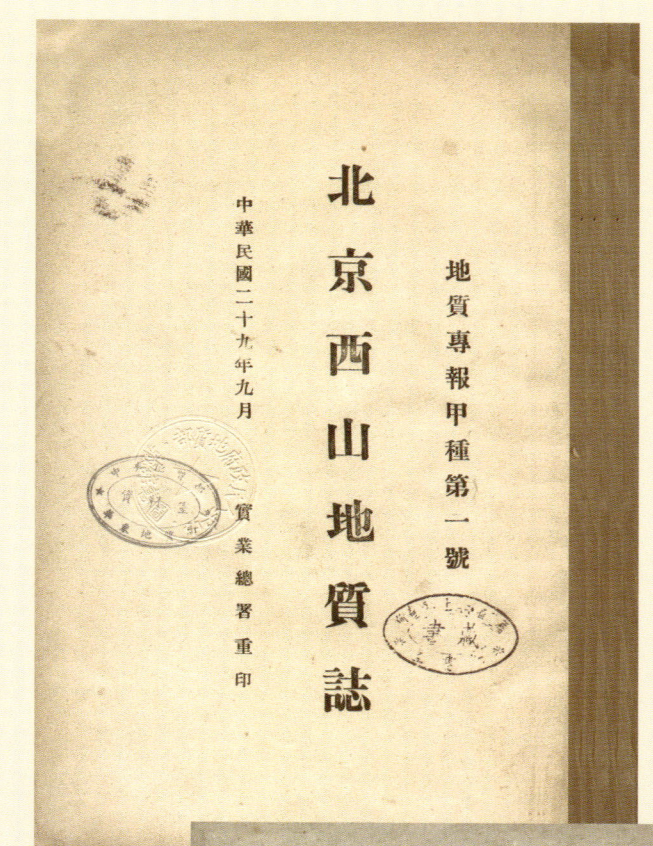

战时形成的几种主要地质报告和地质论评

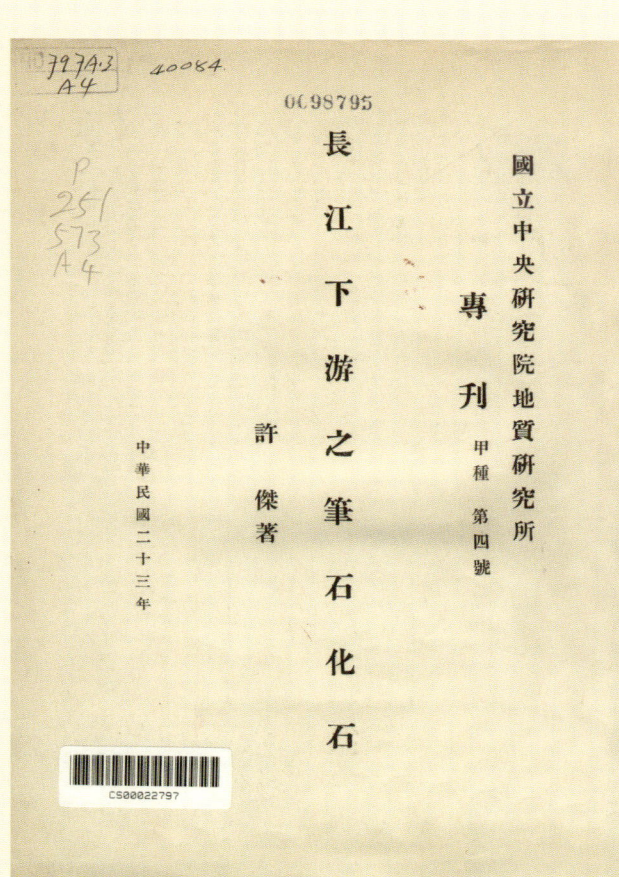
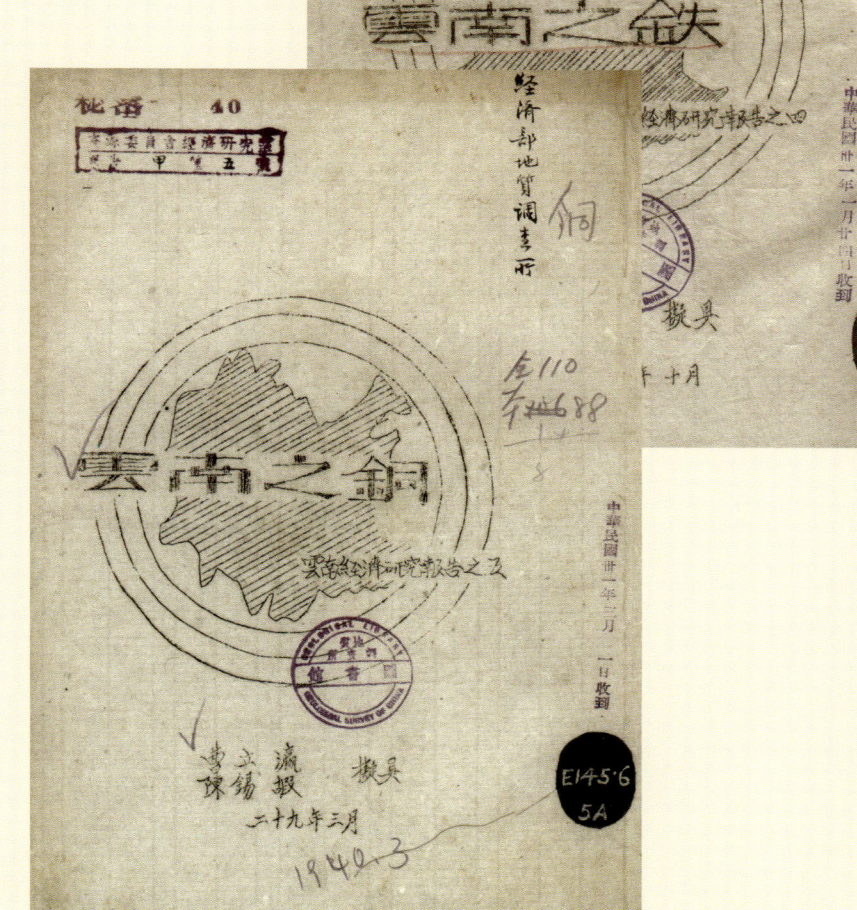

保障战时铁铜资源急需

中国地质工作者在云南、四川、贵州、西康等地进行铁铜资源调查，发现大批铁、铜矿，为内迁工厂提供了大量原材料。除找矿以外，地质工作者还参与了一批矿山、钢铁厂的迁建与新建工作。

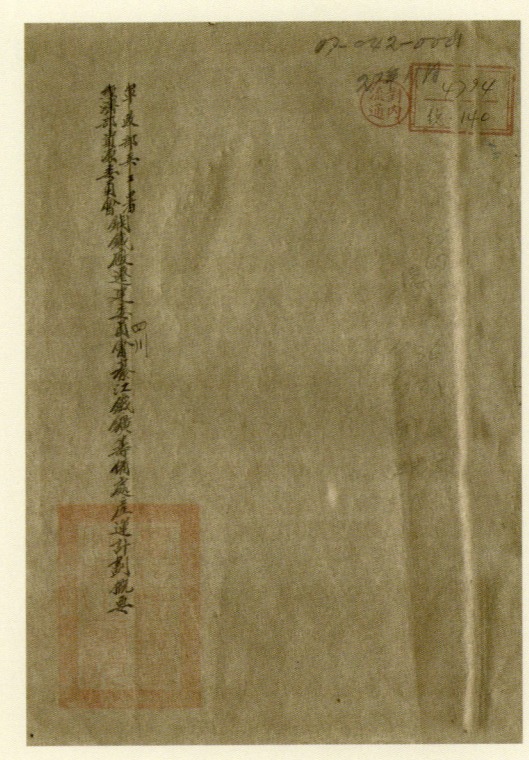

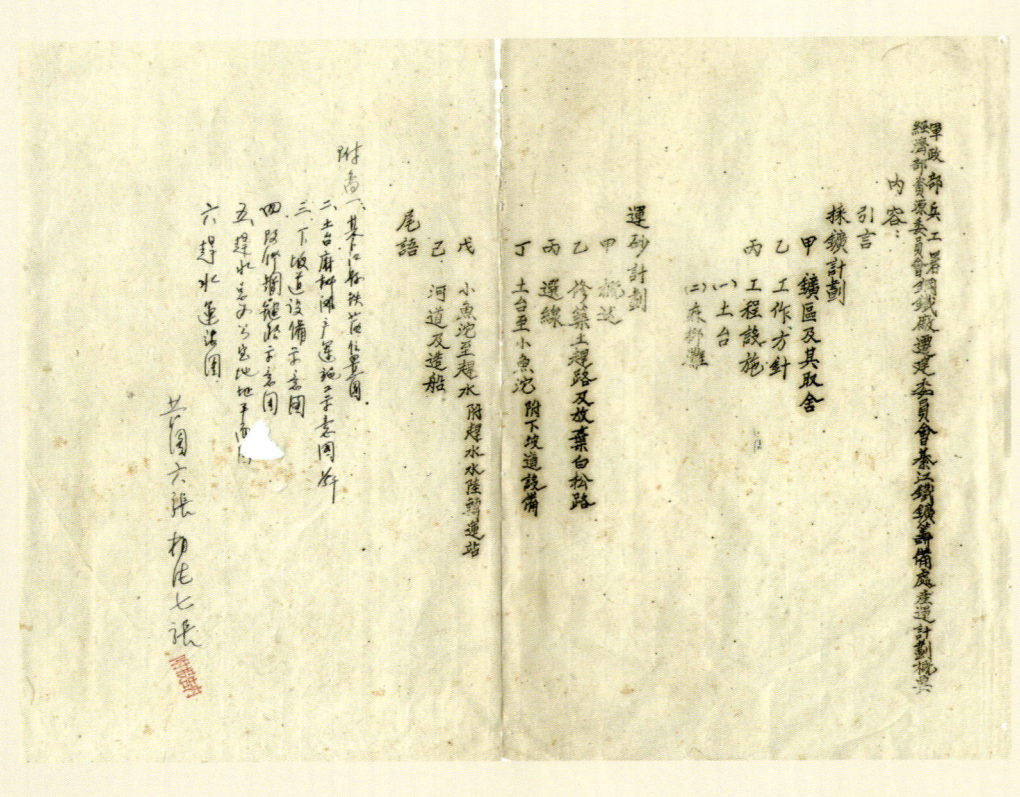

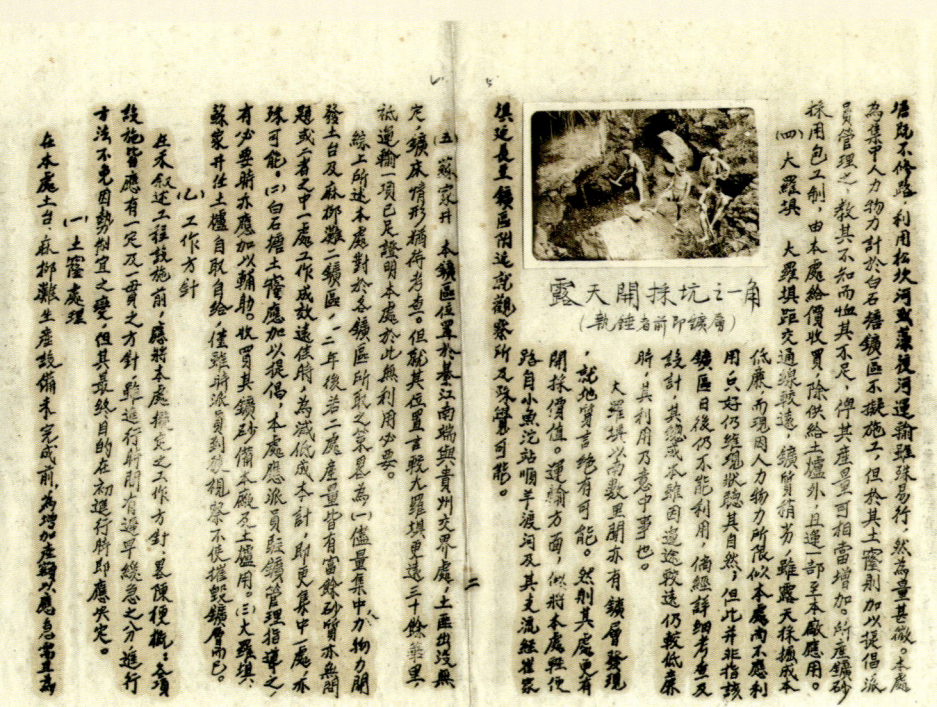

由经济部资源委员会和军政部兵工署联合编纂的《钢铁厂迁建委员会筹备处綦江铁矿产运计划概要》

保障战时石油供给

对甘肃玉门的油田调查在1940年发现主力油层,之后正式开始工业开发。1939年到1945年间,共施工钻井61口,生产原油25万吨,成为当时中国产量最大的油田。玉门油田的开发是抗战时期国共合作的典范,共产党领导的八路军从延长油田拆卸了设备,以满足玉门油田勘探开发急需。

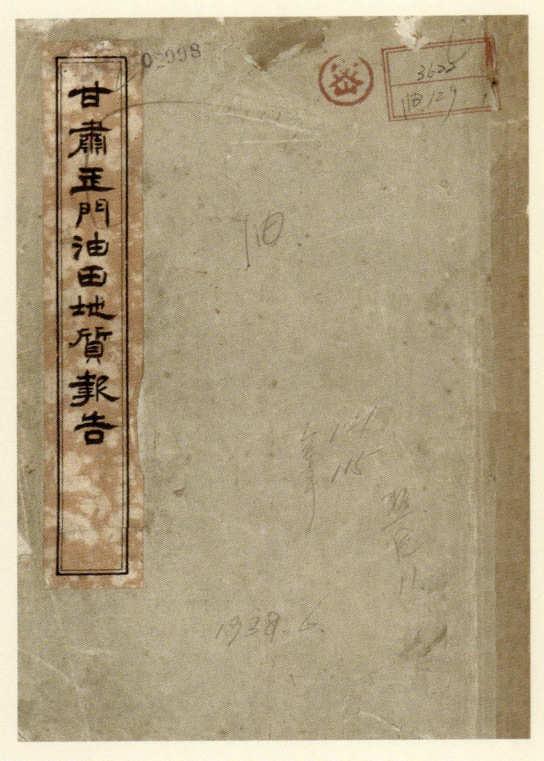
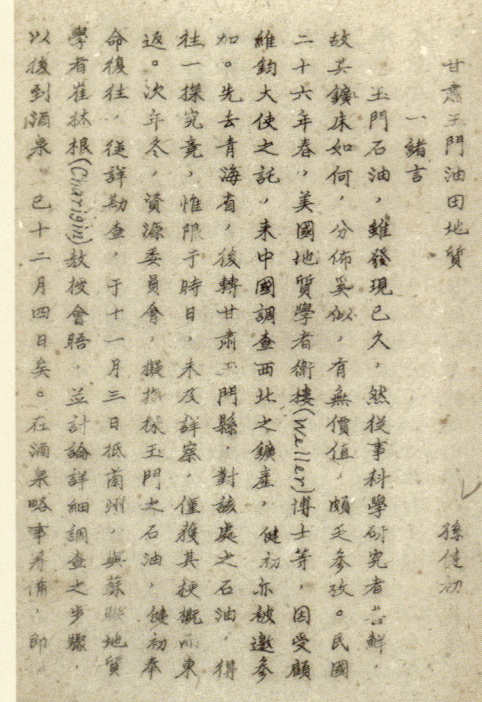
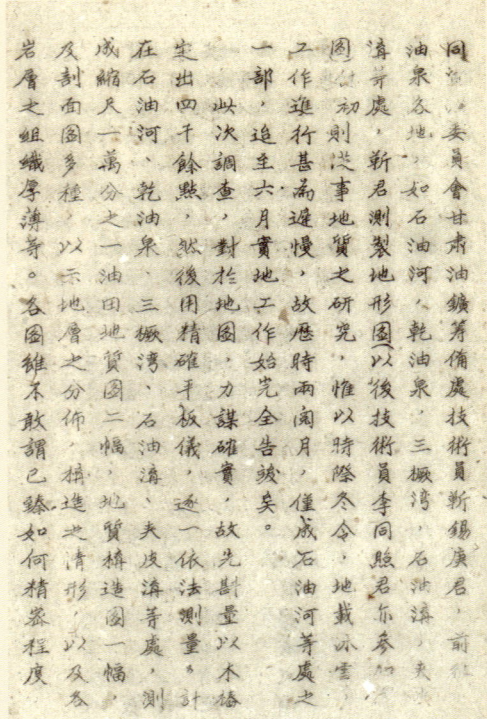
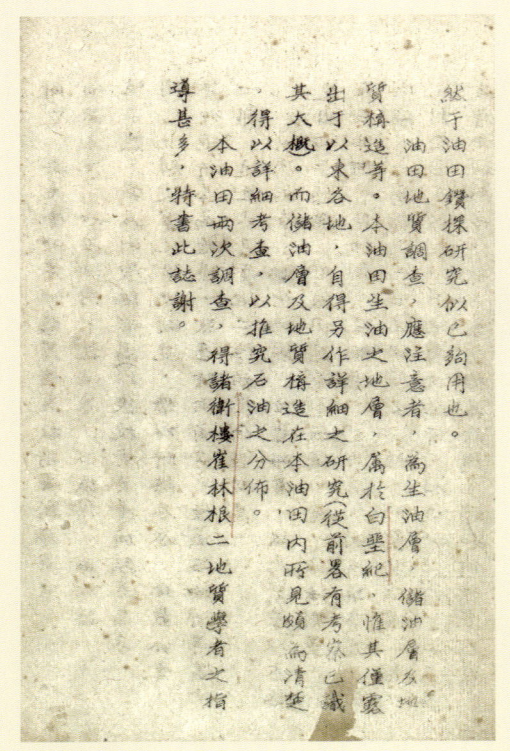

《甘肃玉门油田地质报告》

全面抗战时期的地质矿产调查与开发

玉门油田井场

玉门油田西河蒸馏化验炉井场

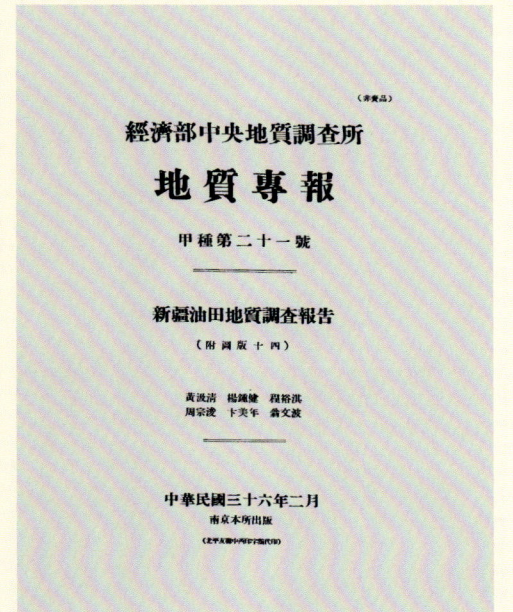

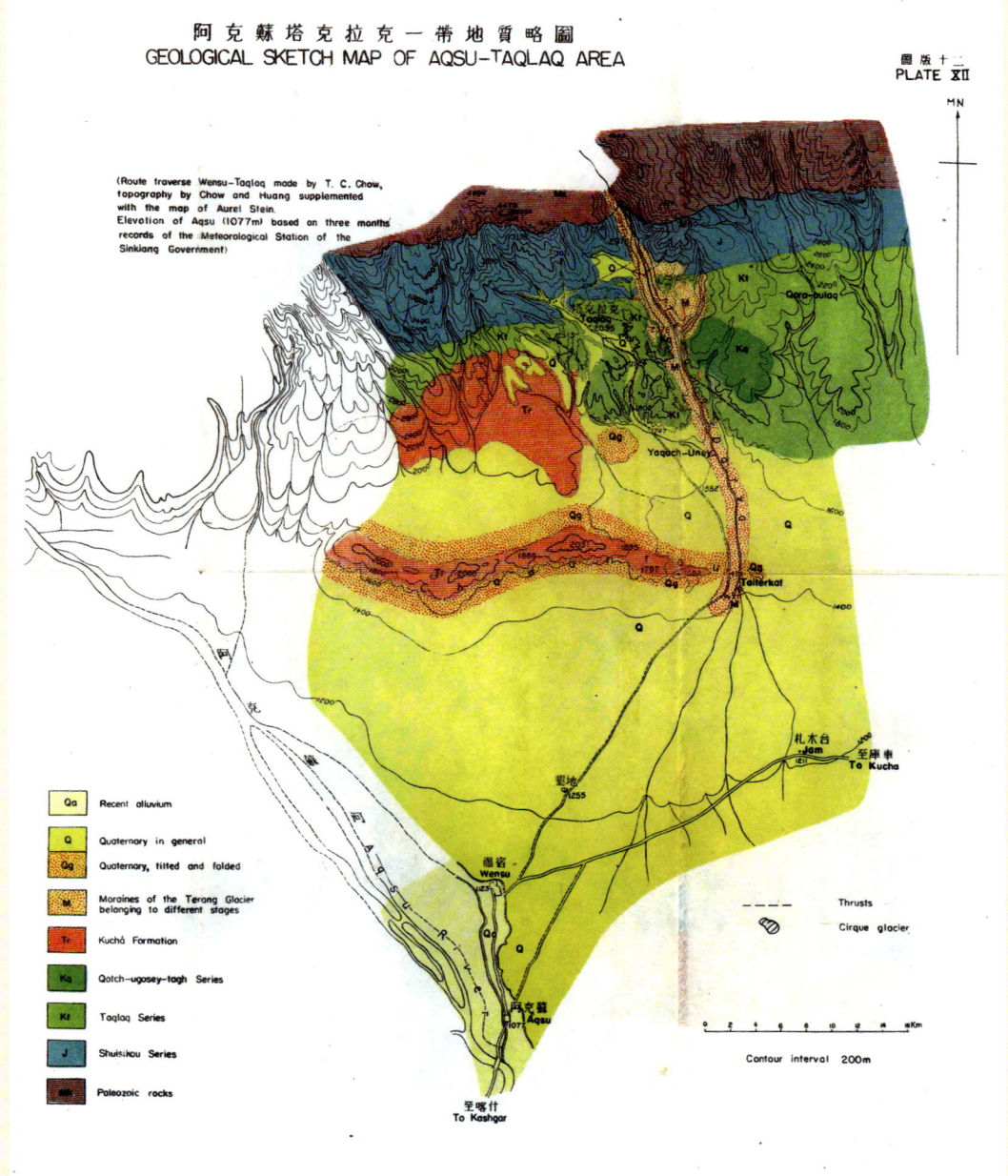

黄汲清等人编写的新疆油田地质调查报告

保障生命线畅通——建设保腾公路

保腾公路是保山至腾冲的主要干道，是中印公路的重要组成部分。保腾公路的建设，不仅是中国为了抗战的需要而进行的，也是在世界反法西斯同盟的统一战线背景下，由奋战在东南亚的中、美、英三个对抗日本军国主义的主要盟国协力才完成的。正因为有了这个大背景，中、美、英才真正联合在一起，从缅甸开始将日本法西斯势力逐步驱赶出东南亚。

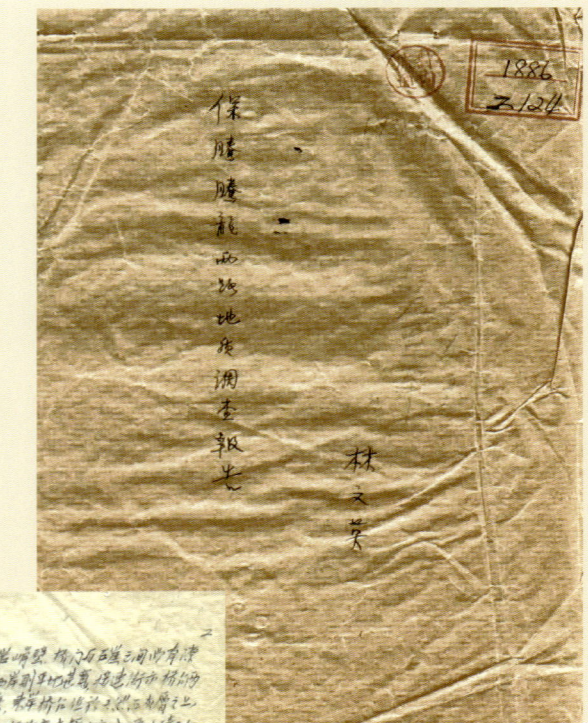

林文英勘测编写的《保腾腾龙两公路地质调查》报告及附图

二 全面抗战时期的地质矿产调查与开发

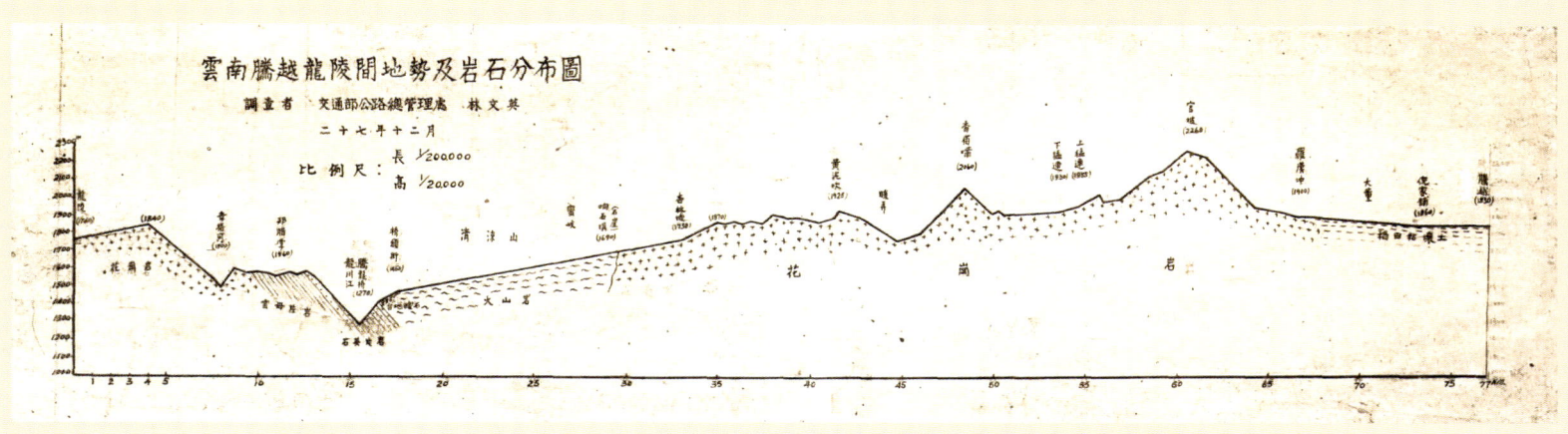

林文英勘测编写的《保腾腾龙两公路地质调查》报告及附图

保障生命线畅通——中印公路测勘

中印公路是一条改变中国抗战历史的公路，是一条为二战的胜利作出了卓越贡献的公路，围绕着它有很多功勋、奇迹和传奇，它就是享誉世界的"史迪威公路"。

1942年5月滇缅公路中断后，为了打破被封锁的局面，中国决定尽快修建中印公路。它始于印度雷多，经密支那后分为南北两线：南线经八莫、南坎，至畹町与滇缅公路相连；北线越过伊洛瓦底江，经腾冲、龙陵与滇缅公路相接。

为了修建中印公路，我国地质工作者从1941年（民国三十年）4月开始公路修建的工程勘测

中印公路开通典礼

第二部分 地质矿产调查支持全面抗战

工作。当时没有当地地图，我国地质工作者只能依据并不准确的印度出版的1：100万地图开展测量工作。测量地区处于荒僻之地，在工作中只能测量一处了解一处地形，报告详细叙述了公路的地情、工程状况、施工计划，并与滇缅公路相比，认为此公路作用更大。

中印公路是由鲜血铸成的。云南省出动民工10万人，加上先期到达的工程技术人员和就地招募的民工，共12万多人。美国陆军则出动大批工兵，修筑从雷多到密支那的路段。在修筑过程中，中美联军与日军爆发了多次大规模战斗，最终打败了日军。中印公路从动工到通车共牺牲3万多人（不含前方作战阵亡将士），因而中印公路也是一条浸泡着鲜血的道路！

中印公路通车后，平行建设的中印输油管也随之接通，石油源源不断地输送至中国战场。中印公路通车半年，共运进汽车1万多辆，军用物资5万多吨，有力地支持了中、美、英盟军反攻缅甸的战役。

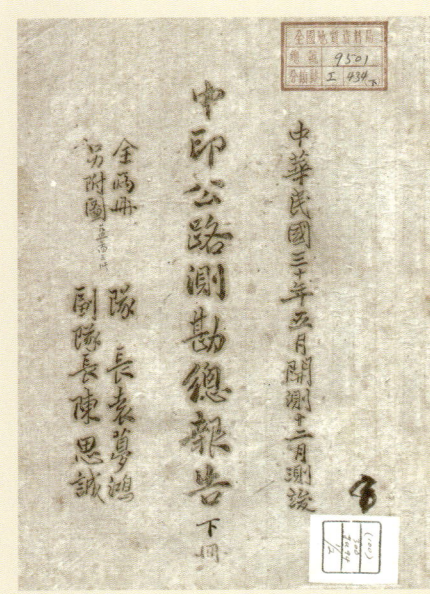
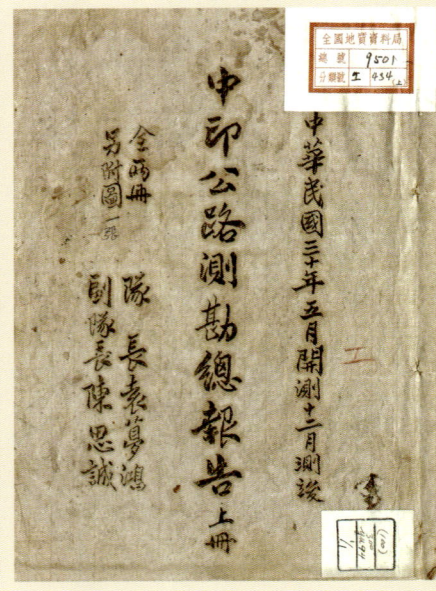

《中印公路勘测总报告》及附图

中美士兵向吉普车插两国国旗，庆祝中印公路开通

囤积在印度雷多的大批汽油

美国工兵在筑路，边上的士兵在持枪保护

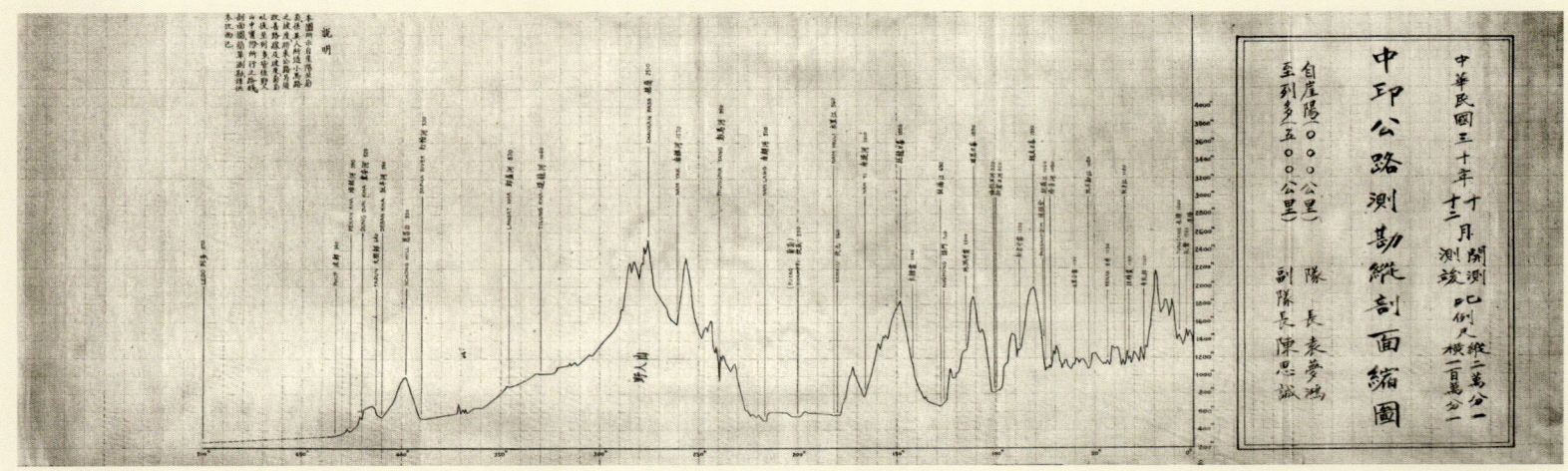

全面抗战时期的地质矿产调查与开发

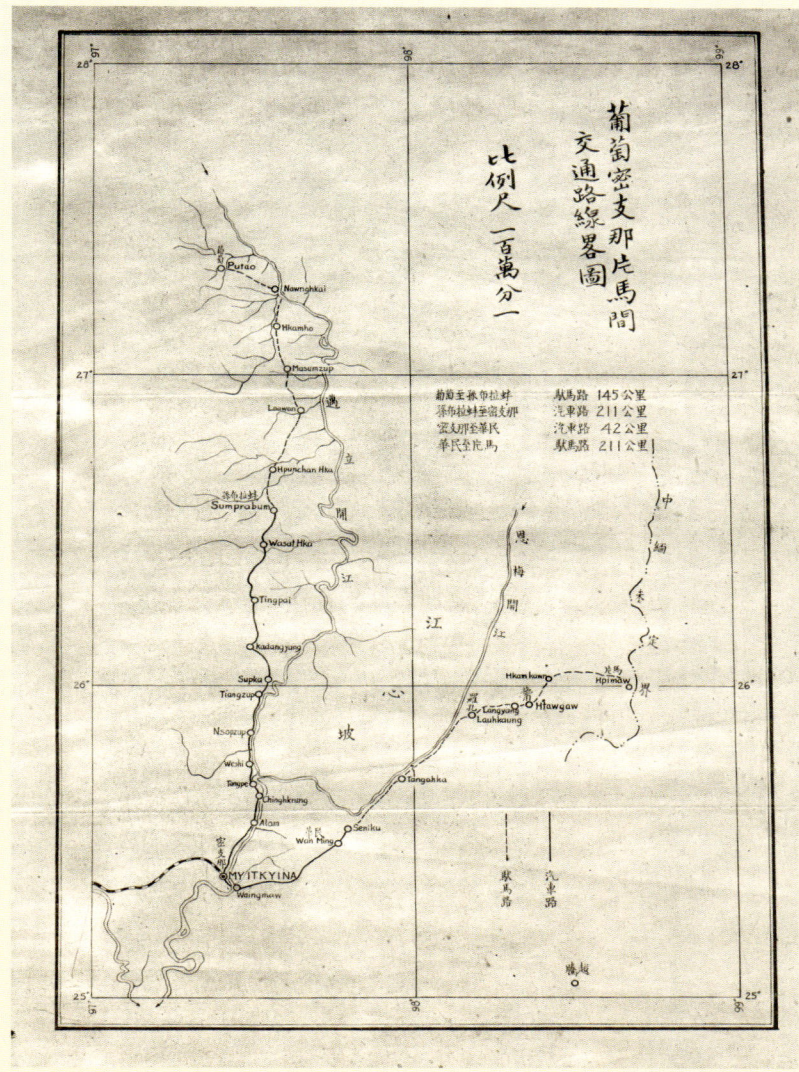

中国工兵在修筑简易桥梁

行驶在中印公路上的美军运输车队

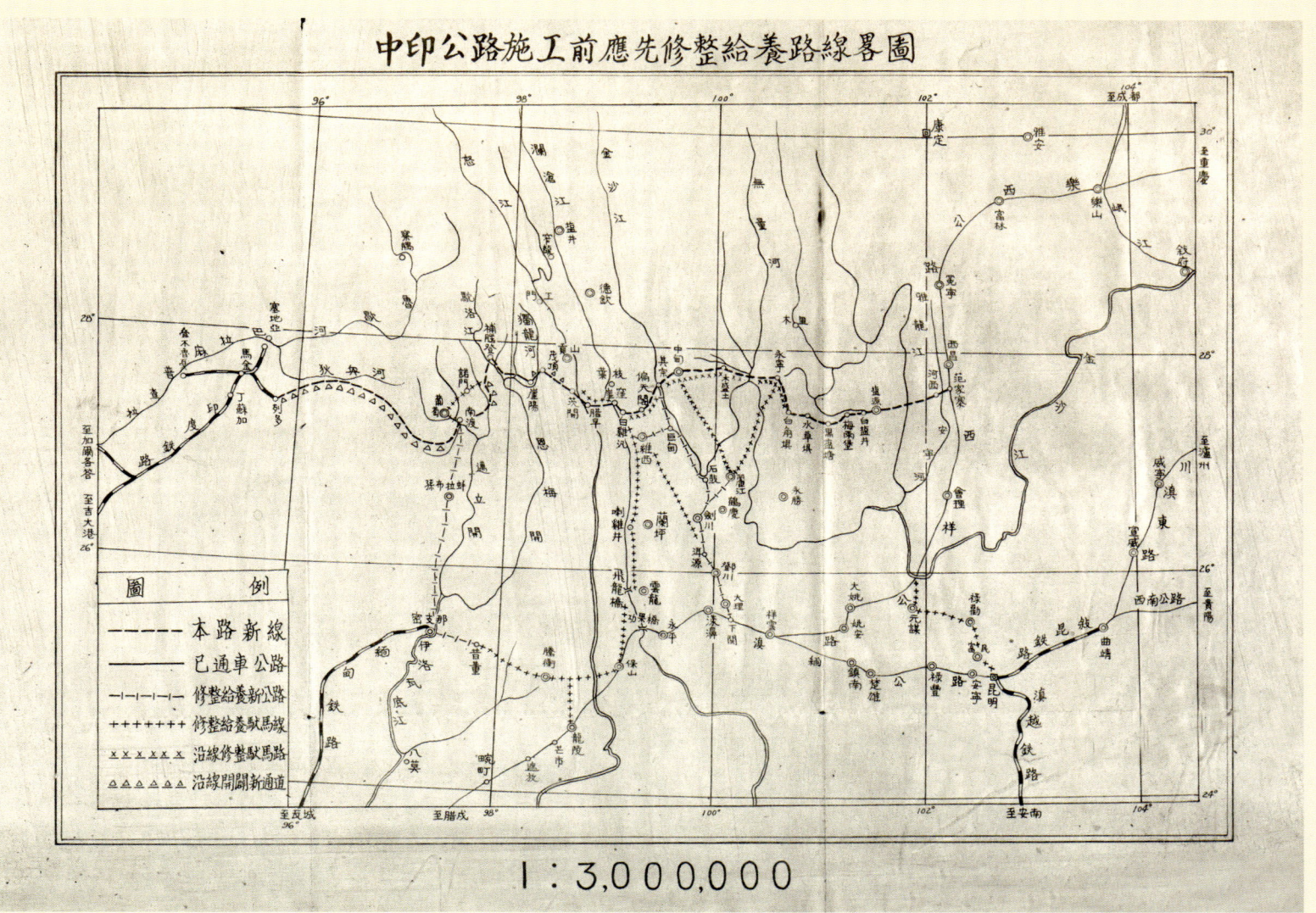

第二部分 地质矿产调查支持全面抗战

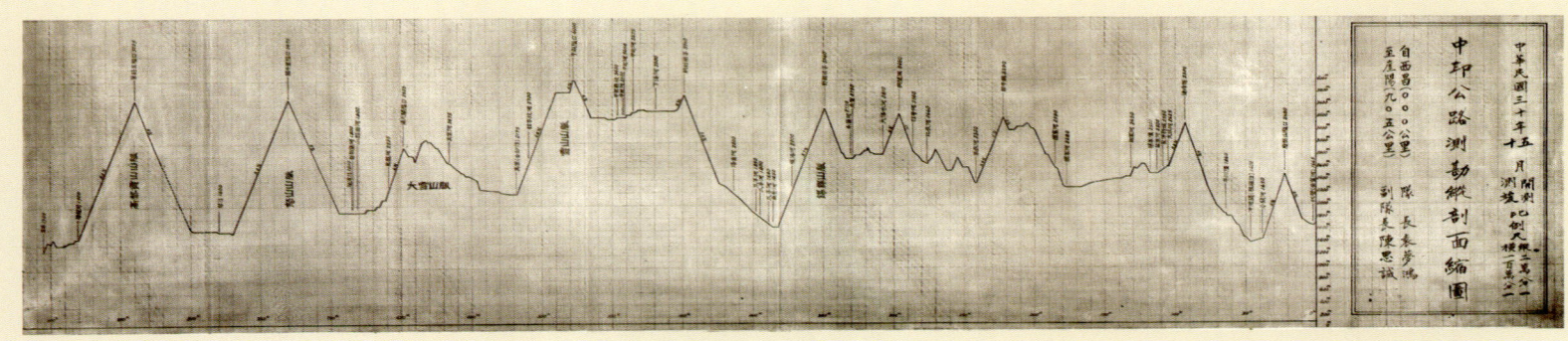

中印公路测勘纵剖面缩图

中印公路测勘纵路线略图

为抗战筹集资金

全面抗战初期，除一些国际组织和友人提供有限物资援助外，中国主要依靠出口自己的矿产换取外汇，或者使用矿产资源进行抵押借款进口军火，翁文灏的日记中对此有详细记载。

翁文灏日记摘录：
1938年6月1日 星期三
褚慧僧来谈金矿事，告以可先从湖南入手。
请卢郁文重起草实施方案。
商资委会钨锑外汇办法。
李国钦面谈钨锑代理事。
6月12日 星期日
张心田自渝到汉，面商开办玉门油矿移用陕北机件。同往访周恩来，托电第八路军。函孙健初，嘱拟开井地点并同往玉门。
7月1日 星期五
……
孔处谈话：（一）张群提英大使来调解时不宜拒绝，王亮畴言宜有具体条件。（二）孔言，英借款中国曾提四方案：a金融借款；b矿产借款；c信用借款；d政治借款。现仍商金融借款，Rogers为此往英，七月六日英国阁议商洽。又中美借款约已签，但款未收。
7月15日 星期五
贝安澜、孙越崎来谈英商承受售钨砂事。
7月23日 星期六
电钱乙藜：（一）缪云台盼中行派员往滇商纱厂事，又盼办水泥厂；（二）黄伯樵往欧察洽钨锑，回任主管。
8月11日 星期四
接见George、Bell，商由福公司任钨砂出口权事。
9月1日 星期四
复蒋电，言易货钨锑价正与孔商洽，并告德派佛德Woidt来商易货办法。又函孔，商钨锑价。
9月3日 星期六
电蒋：英钢铁公司请以钢铁制品与中国交换钨锑锡，似可订立合同，并请保权益。德国佛德新拟办法，德货价可不抬高，但意在尽得中国钨锑，宜慎，联英、苏更为重要；福公司代理钨砂出口，并请英政府保证。可否进行，均请电示。
9月8日 星期四
电Woidt、Preu，说明钨锑国币价值之意义。
9月23日 星期五
接见俞大维、Woidt、钱端升。
孔接陈光甫电，美允借款，询桐油、钨、锑、锡为担保品。孔电复：（甲）桐油年产八万吨，值美金二千四百万；（乙）钨一万二千吨，值美金一千二百万元；（丙）纯锑一万吨，生锑五千吨，约共美金二百六十万；（丁）锡一万吨，约美金一千万，加以猪鬃、生丝，总值美金七千万元以上，请借现金美元三万万元，并另商棉麦、铜、电料、汽车及油一万万美金。

10月17日 星期一
接见Ganin（询交换货物用美金计价，严爽何时往肃州）。陈立廷、关德懋来谈对付德人Woidt事。孔嘱陈函德，合同不能签字，因军械不在内，每月华货八百万太多，步枪及高射炮子弹价太贵。德人愤欲返国，余劝留，并嘱陈劝孔接谈，勿决裂。
11月28日 星期一
孙越崎、贝安澜请午宴，向中福同人说话。餐后至中福办事处，与贝、孙商谈经理钨砂出口事进行步骤。
12月20日 星期二
见史维新，谈贵州水银矿。
核定与福公司商订售钨砂实行办法。

保障战时生产生活能源供给——煤炭资源调查

随着战争的发展，大片领土沦丧，北方产煤区已被侵略者占领。为谋取最后的胜利，大量政府机构、企业、学校开始向后方转移，煤需求量大增，四川等省已现煤荒。找煤不仅关系到社会安定和人心稳定问题，而且关系到政府机构和工厂等能否继续迁往四川的大问题，燃料问题成为人心安定的重中之重。寻找到充足的煤资源，成为当时地质工作者的一项重要任务。

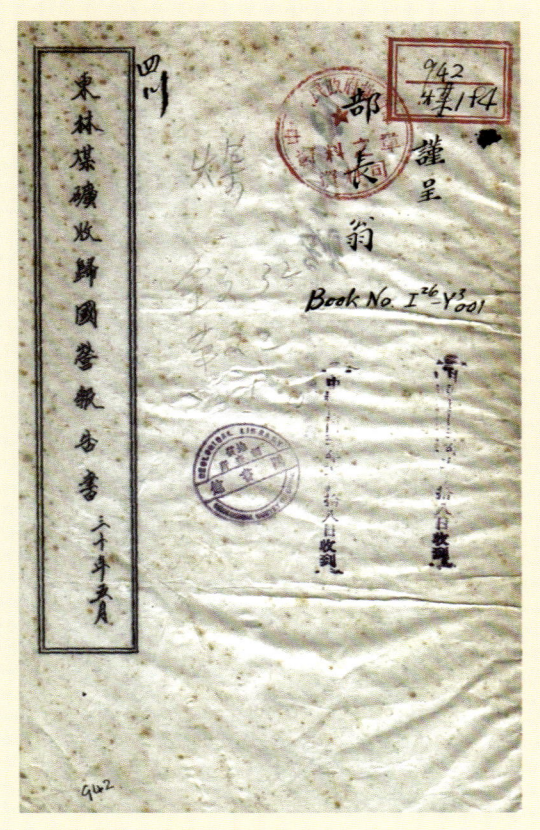
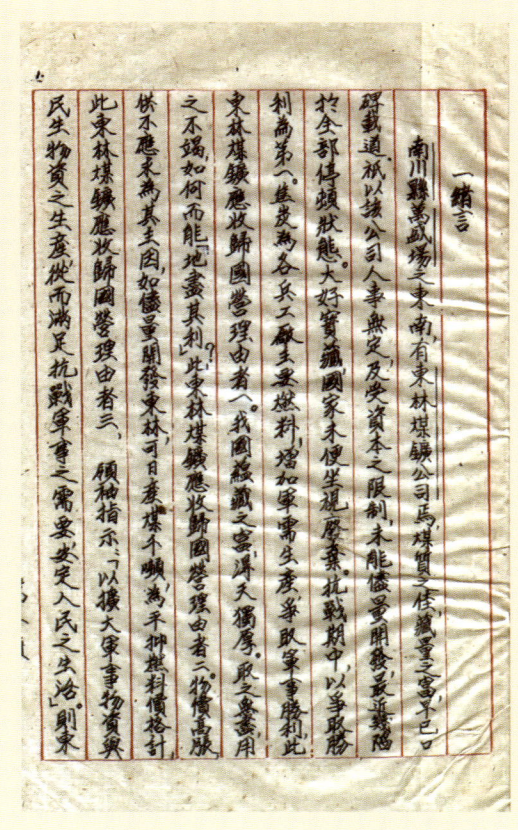
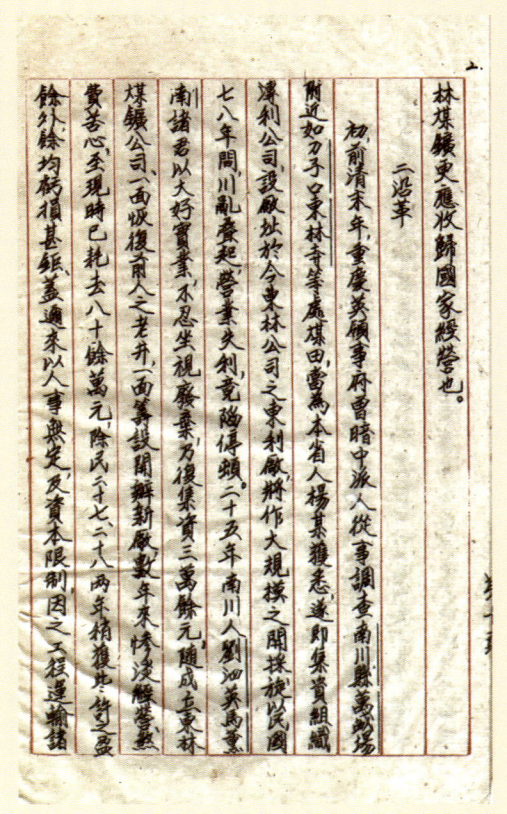

1941年（民国三十年）5月提交于时任部长翁文灏的《东林煤矿收归国营报告》

保障战时天然气供给

1938年对威远臭水河天然气进行地质勘查工作，1939年在四川巴县石油沟钻井中发现含气层，为后方民众生活能源供应提供了重要来源。

地质学家们还在《大公报》上刊载文章向民众普及天然气知识。

四川巴縣石油溝鑽井中之含氣層

何春蓀著

四川石油溝鑽井中之含氣層

何春蓀

石油溝之鑽井工程開始于民國廿六年十一月，迄今已逾二年，鑽井深度亦已達一千三百餘公尺，計穿越白堊紀侏羅紀及三疊紀嘉陵江灰岩三地層。鑽井之原意本擬採取該地之石油，惟工程進行至今，除在離地面十四公尺處發現少量油跡外，其他所及各岩層，均已證明無望。現根據原定計劃，鑽井工程將繼續至一千四百公尺為止，設將來在機械能力所允許之可能範圍內，或將井深延長至一千六百公尺，故石油溝一帶鑽探油泉之最後結果如

何春荪所著《四川巴县石油沟钻井中之含气层》

四川的天然氣

陳秉範

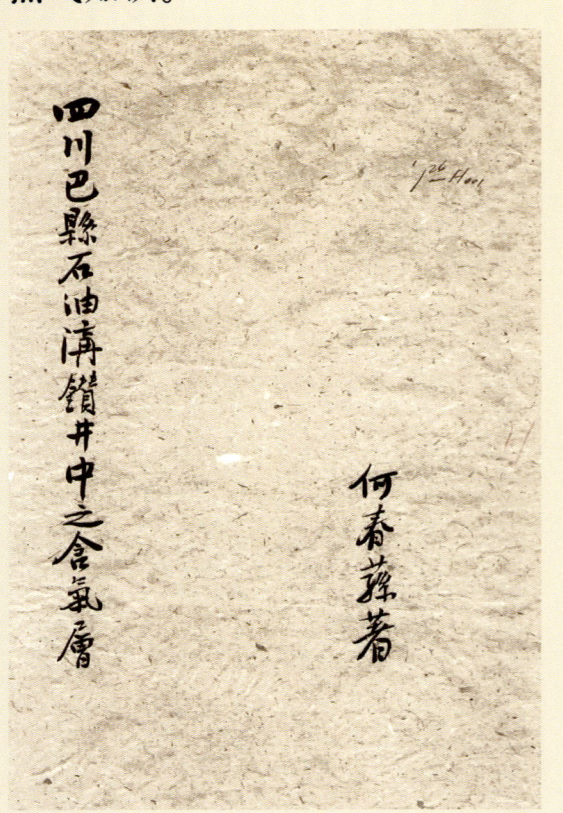

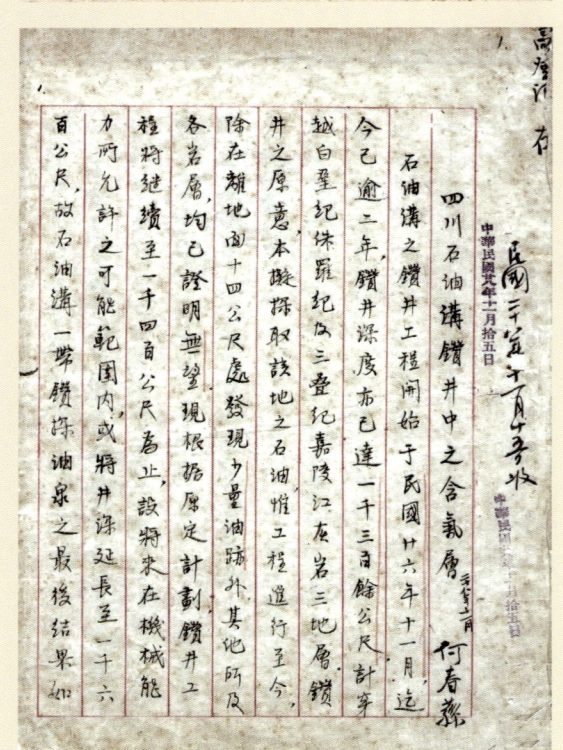

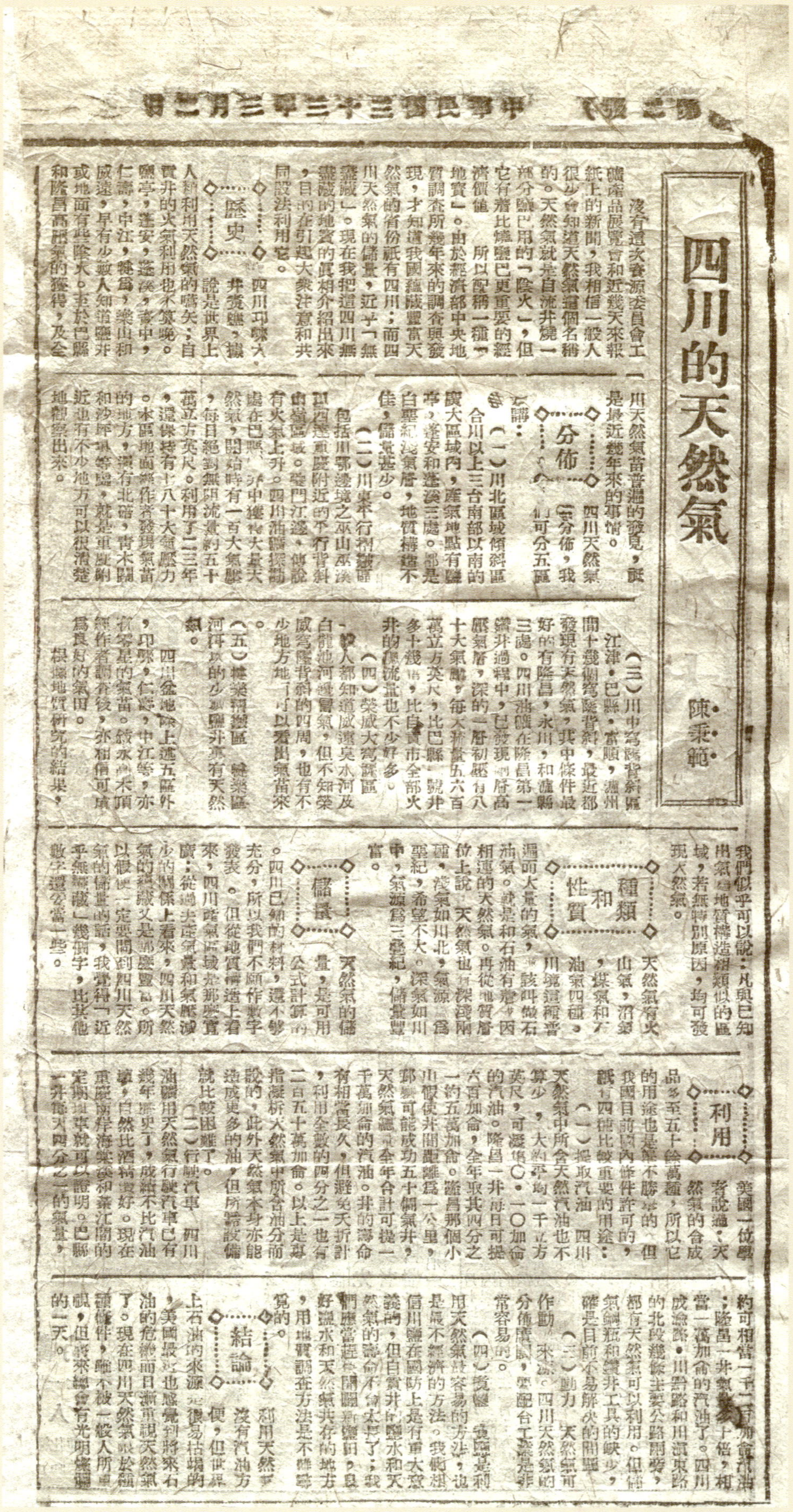

陈秉范编写的《四川的天然气》

二　全面抗战时期的地质矿产调查与开发

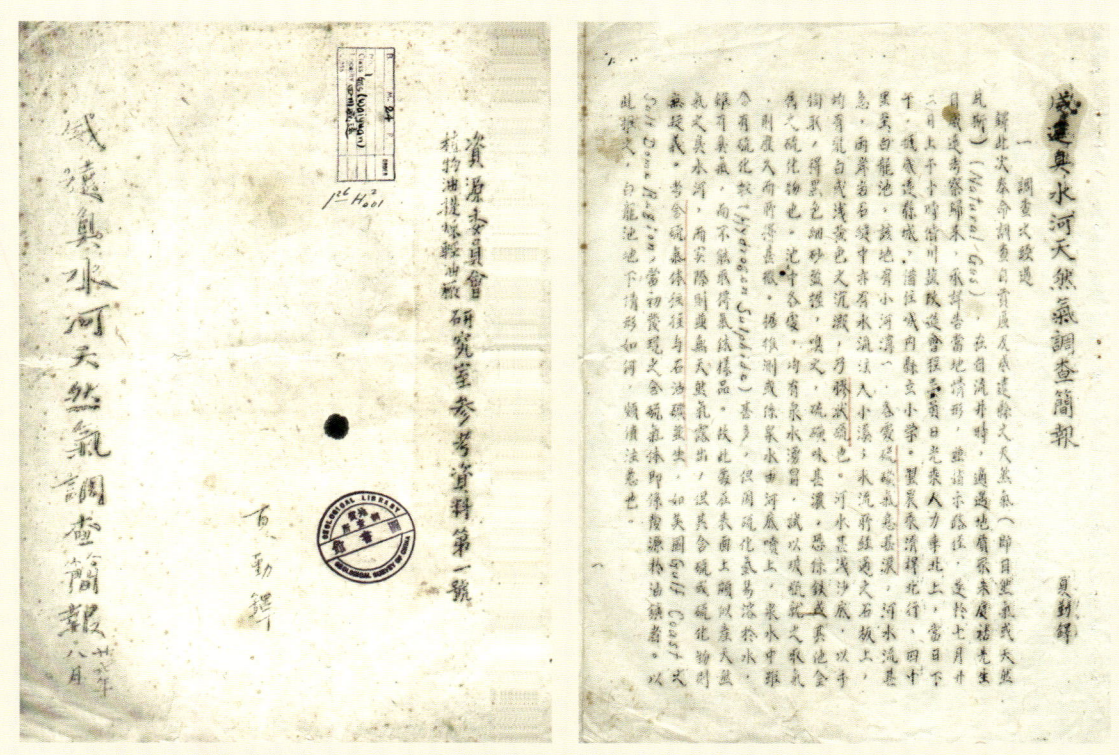

资源委员会植物油提炼轻油厂的第一号参考资料——《威远臭水河天然气调查简报》

保障战时生产生活物资供应——寻找盐

盐是生活必需品，也是重要的军事战略物质。

随着战争的发展，我国海岸被封锁，大后方的食盐供给只能依赖川盐，贵州等地一度出现盐荒。寻找到足够的盐矿，既是稳定民心和抗战局势的必需，也是支持战时工业的必需。

全国地质资料馆收藏的李悦言编写的《四川盐矿志》即形成于此时。该报告详细汇总了四川盐矿情况，就地层时代而言分布于奥陶纪、三叠纪、侏罗纪、白垩纪内。就区域而言，四川省内北起巴山，南抵云贵，西达康边，东及三峡，分布甚广。有矿业可言者，川西有盐源、仁寿、井研、犍为、乐山、眉山、彭山、丹棱、洪雅等地。川东有巫溪、奉节、云阳、开县、忠

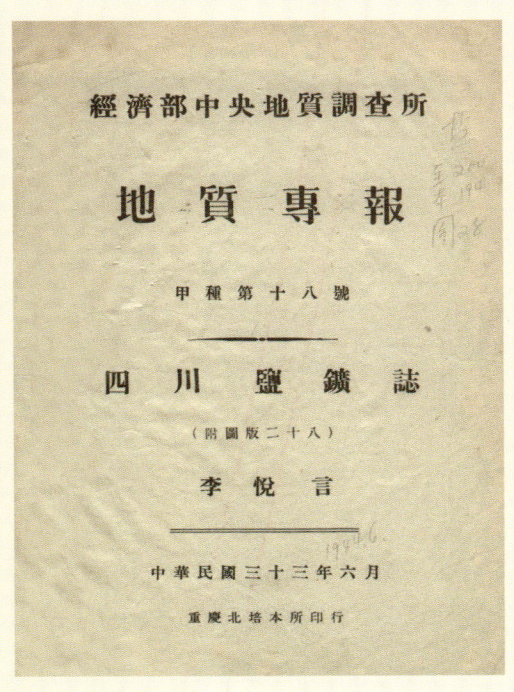
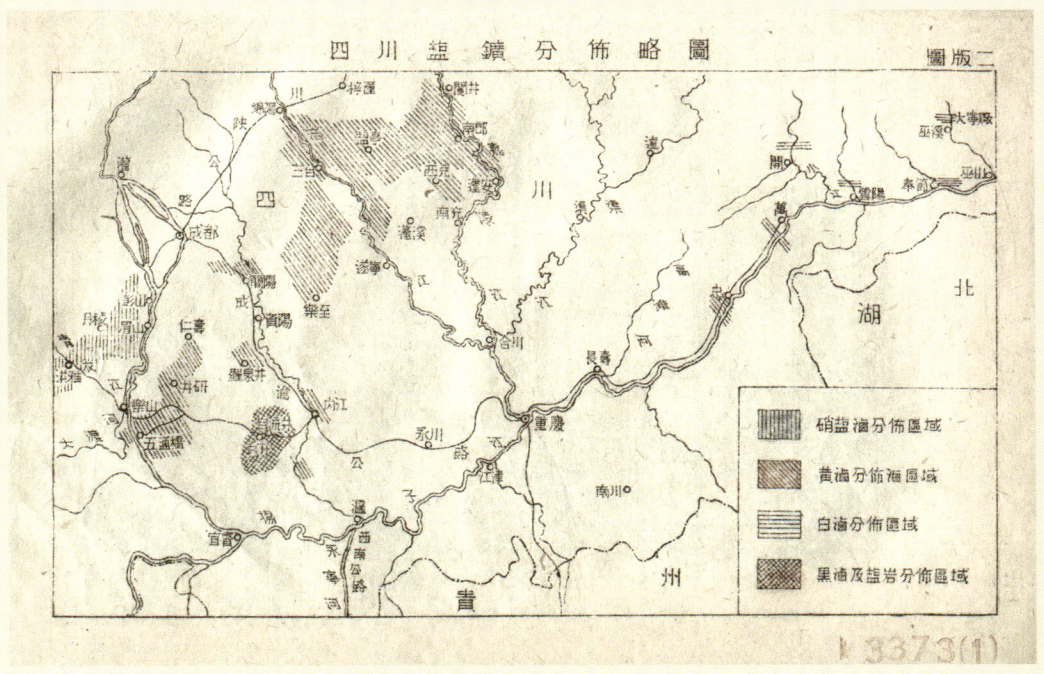

李悦言编写的《四川盐矿志》

县、万县、彭水等地。川南有自贡井及邓井关等地。川北有资中、资阳、简阳、中江、绵阳、三台、盐亭、南部、射洪、蓬安、蓬溪、乐至等地。四川食盐矿有盐岩、卤水两种。含卤地层主要为三叠系、白垩系中部及侏罗系上中部。该报告对各卤水产区进行了分述,并对食盐矿与石油之关系进行了研究。

中国地质工作者还在云南、贵州、甘肃等地开展找盐工作,解决大后方人民淡食之忧。

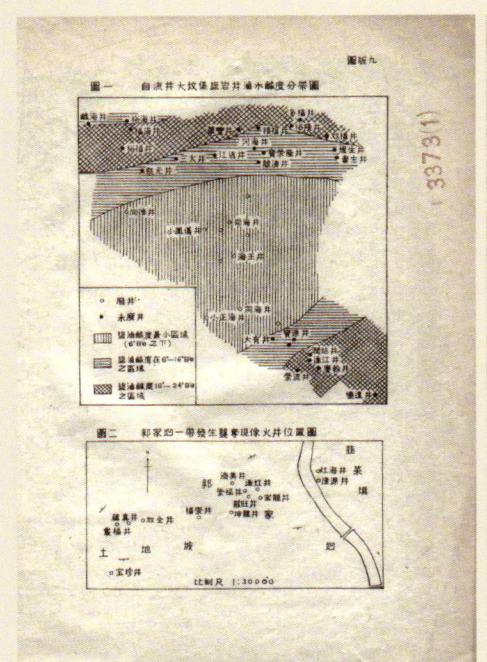 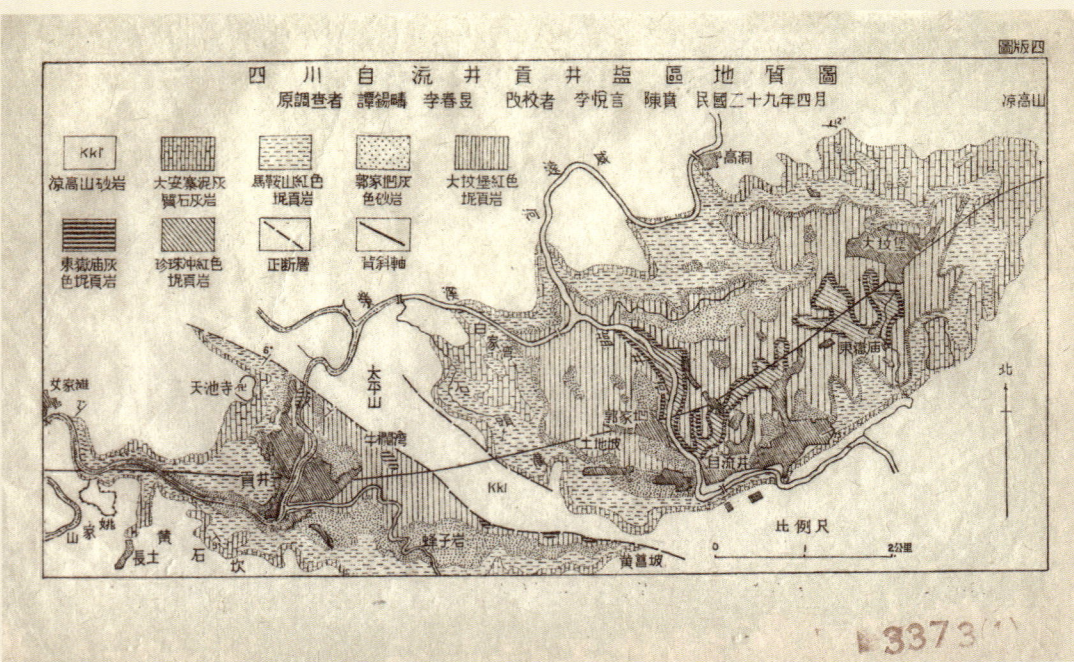

李悦言编写的《四川盐矿志》

保障战时粮食生产

抗战时期,粮食供应是保障普通民众生活生产和军队作战的基本需求。1938年程裕淇等人在云南昆阳发现磷矿,后续,地质学家们对昆阳磷矿开展了专门的地质勘查工作,为制造战时农业生产所需的肥料提供了充足的原材料,对于粮食增产起到了显著作用。

全面抗战时期的地质矿产调查与开发

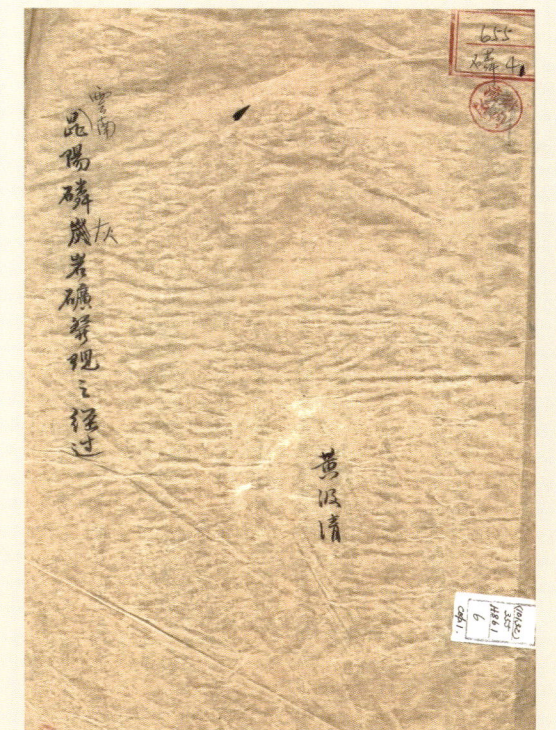
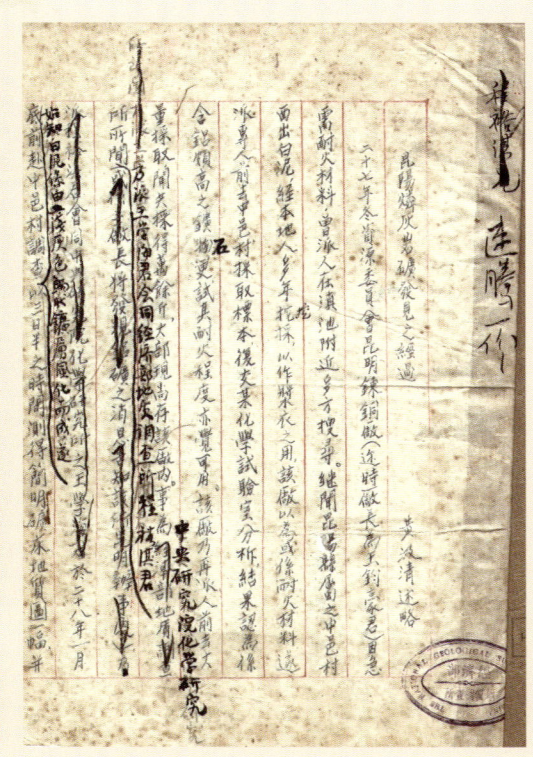

黄汲清编写的《昆阳磷灰岩矿发现之经过》

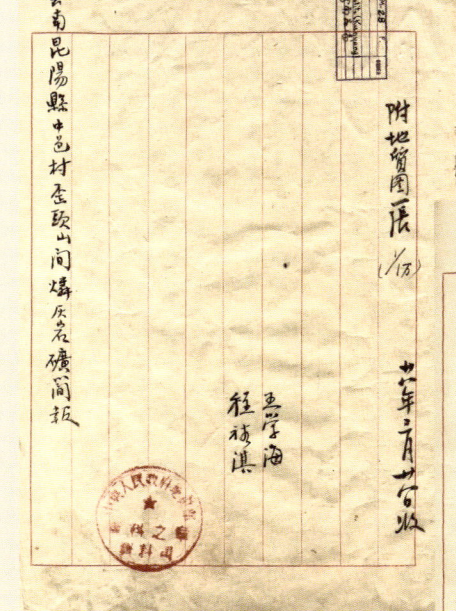

←程裕淇、王学海编写的《云南昆阳县中邑村歪头山间磷灰岩简报》

保障战时电力供给

　　抗战时期大后方处于日军严密封锁之下，能源供给极端困难。为加快大渡河水利工程建设，作为水利工程的先头部队，地质学家们对大渡河的地质状况进行了详细的勘查工作，为后续工程筹备和建设奠定了坚实基础，对后方建设新型工矿业起到了重要作用。

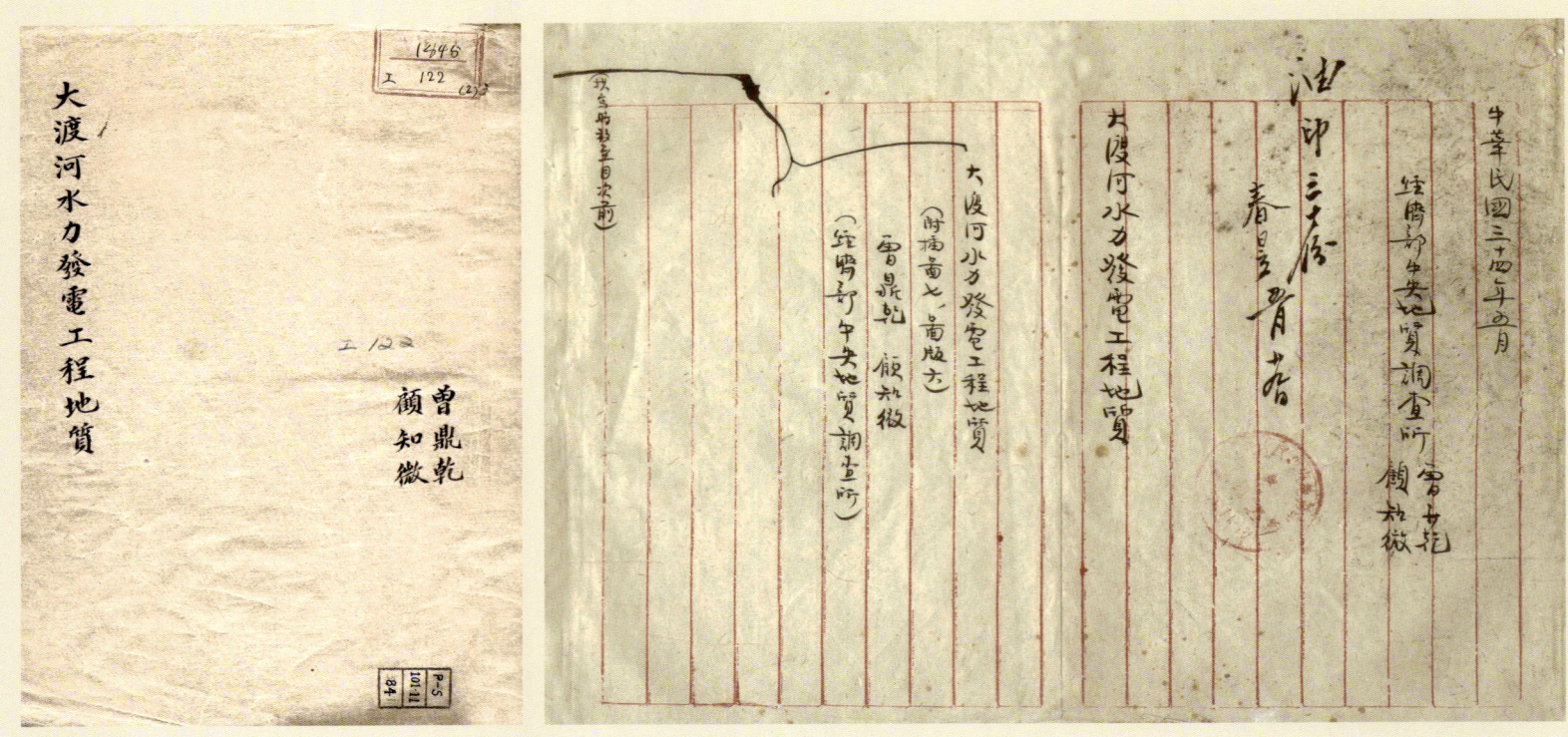

顾知微与曹鼎乾编制的《大渡河水力发电工程地质》

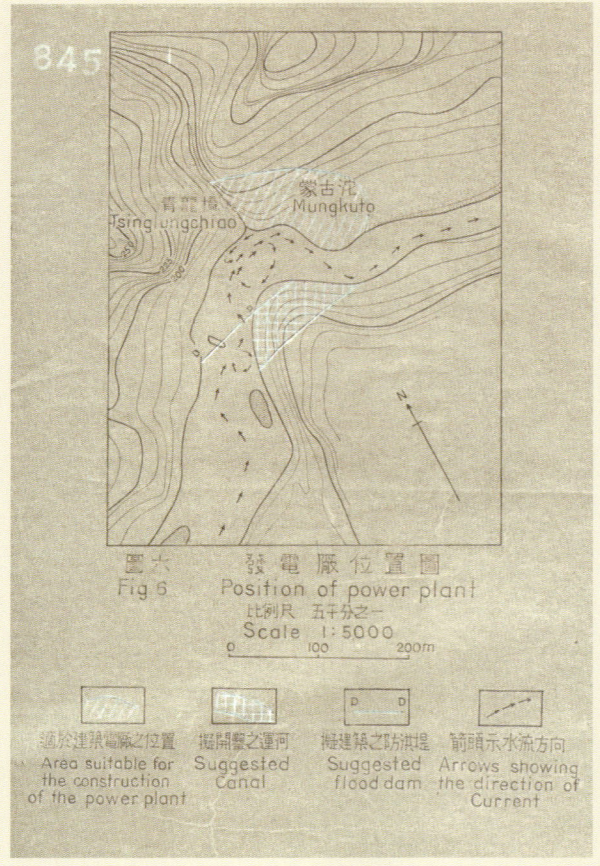

《大渡河水力发电工程地质》报告中附图——发电厂位置图

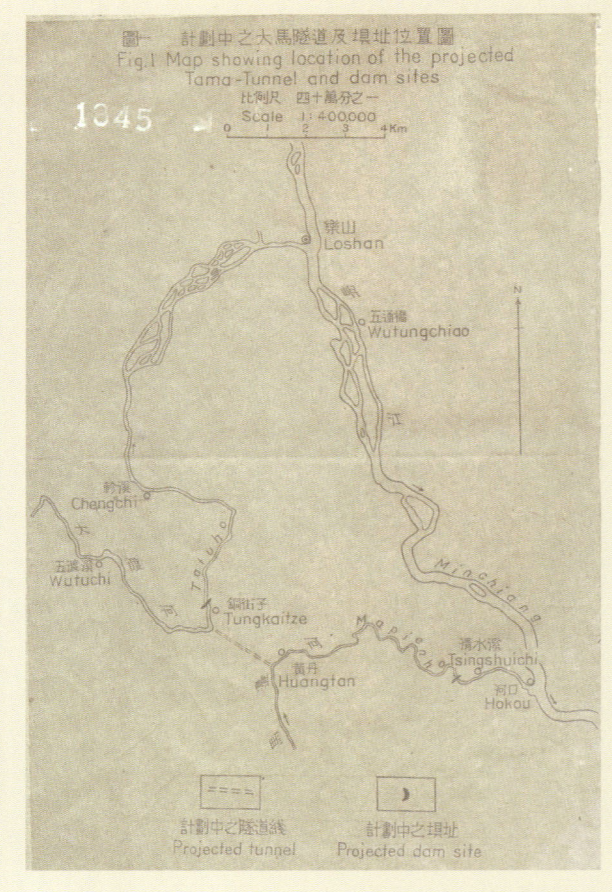

《大渡河水力发电工程地质》报告中附图——计划中之大马隧道及坝址位置图

二 全面抗战时期的地质矿产调查与开发

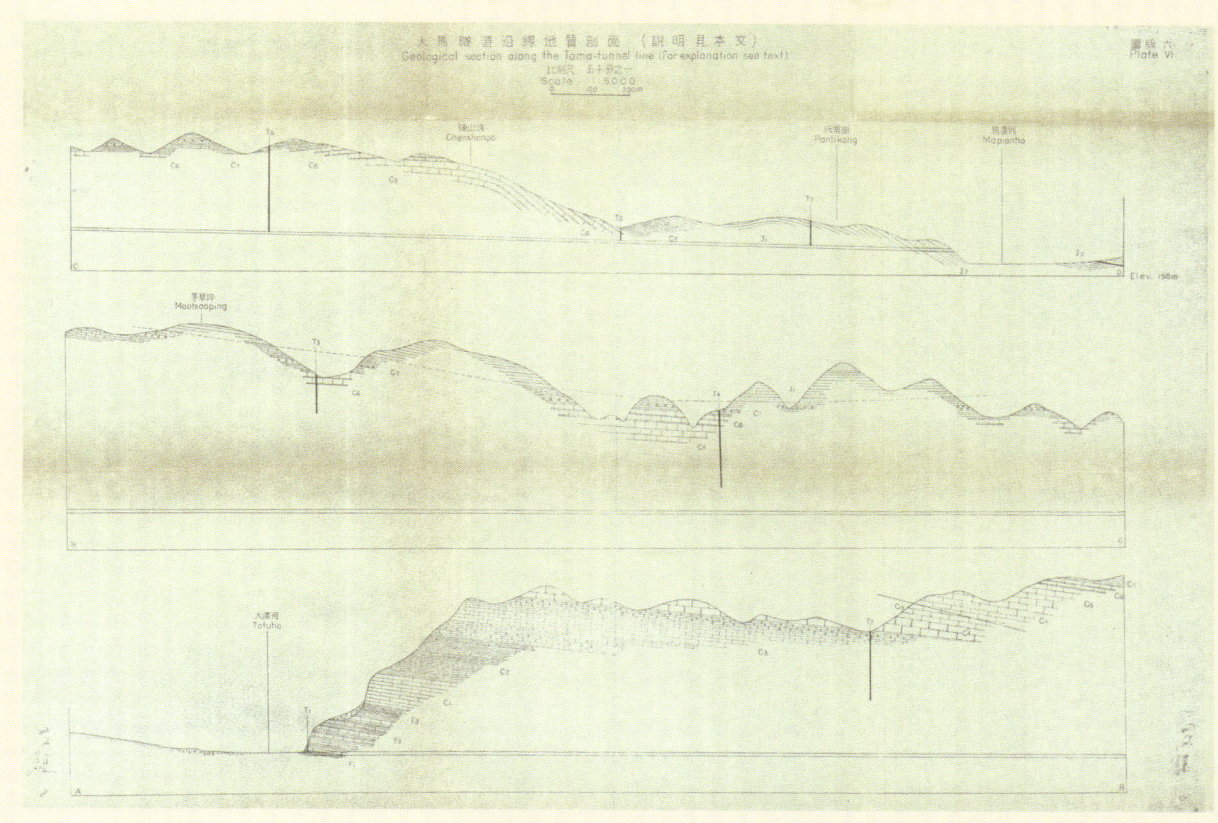

《大渡河水力发电工程地质》报告中附图——大马隧道沿线地质剖面

为抗战筹措资金——金矿调查与开发

卢沟桥抗战以后，我国需要从国外进口大量的军火物资，急需相当数量的外汇。加大黄金勘探与开发，成为满足外汇需求的重要途径之一。

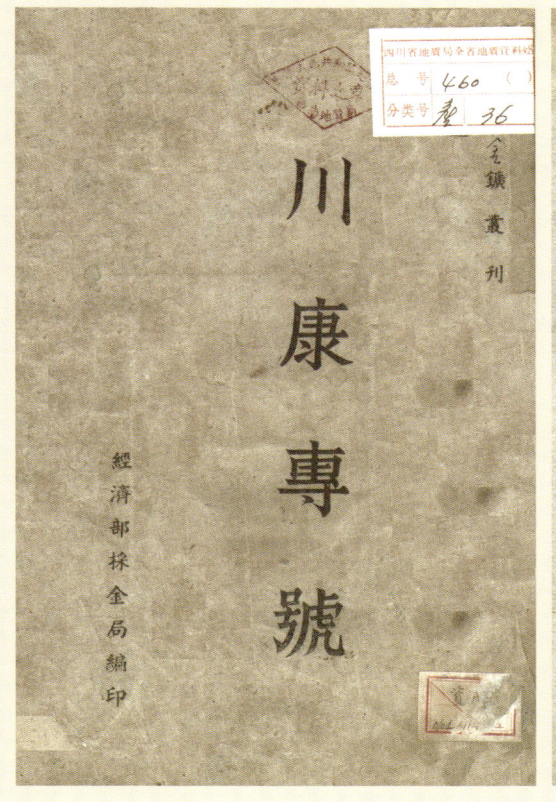 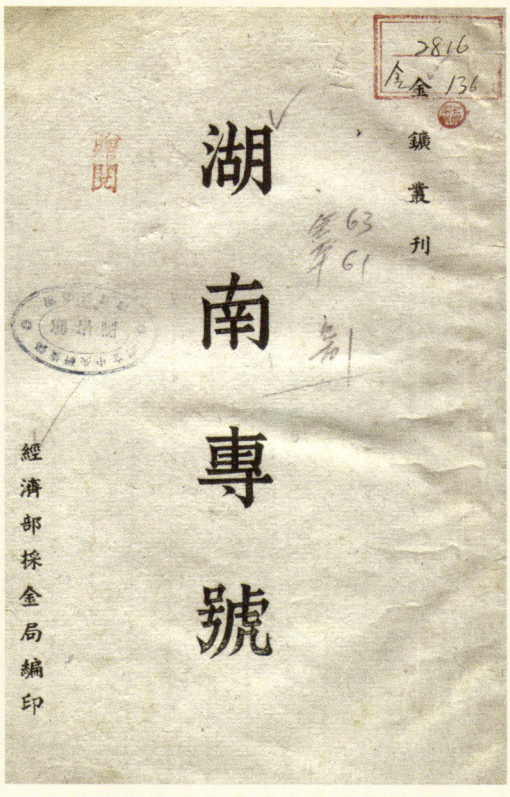 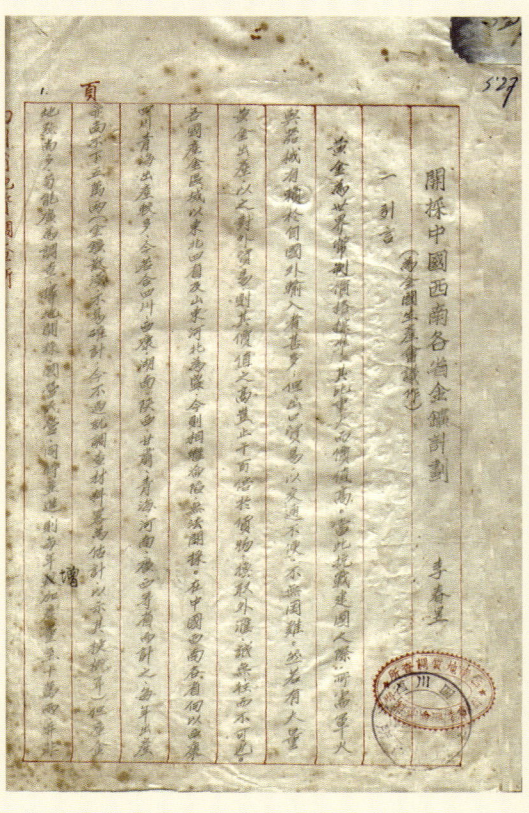

李春昱编写的《开采中国西南各省金矿计划》

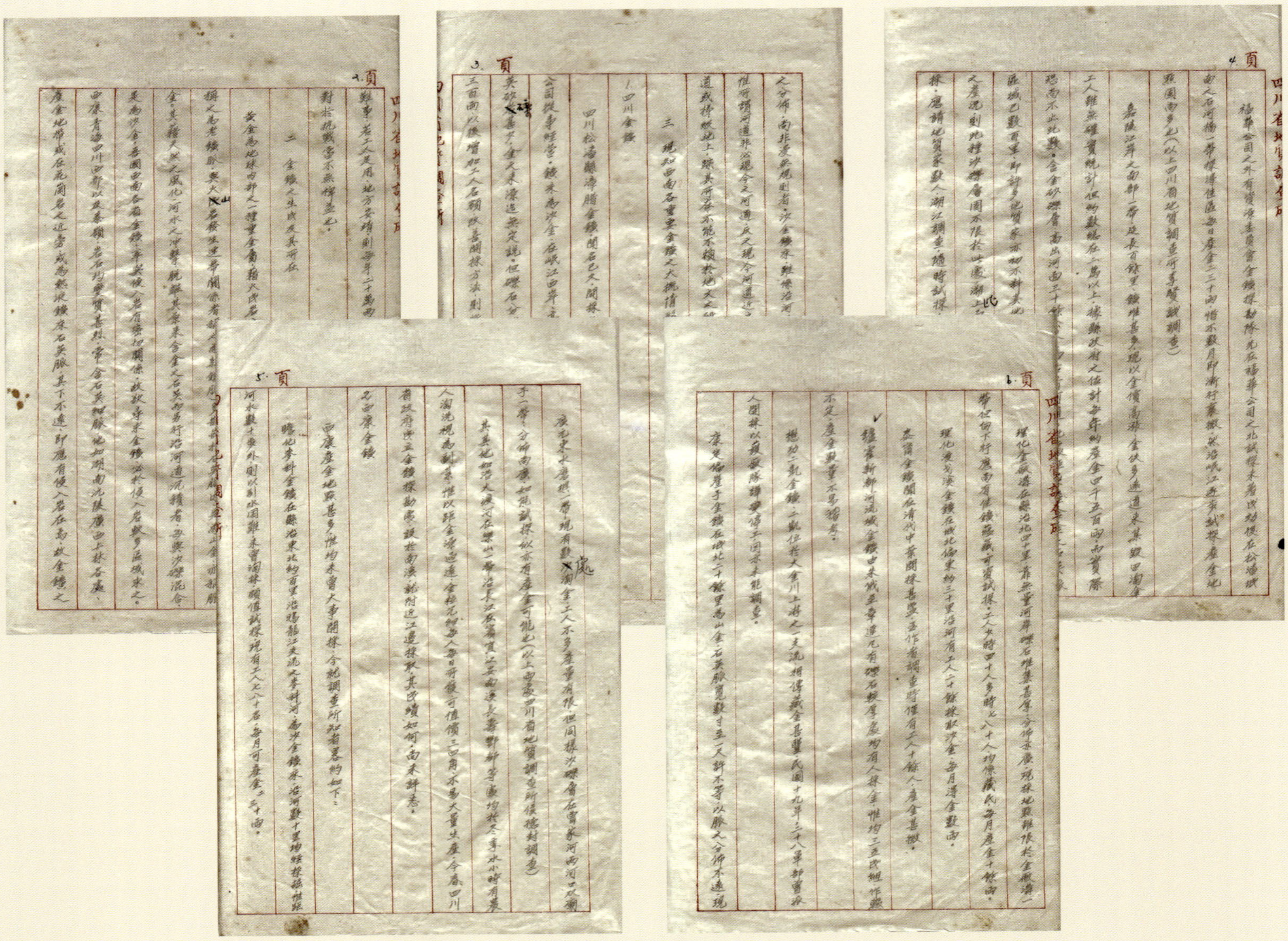

李春昱编写的《开采中国西南各省金矿计划》

43万两黄金密送党中央

抗日战争时期，我党经费极端匮乏。胶东军民在极其恶劣的战争岁月里，舍生忘死，克服千难万险，从招远玲珑金矿筹集43万两黄金密送党中央，有力地支持了党领导的抗日战争。胶东军民以此特殊的方式为抗战胜利作出了贡献。"最后一两黄金必须上交党中央"，诠释了胶东军民为革命奉献和牺牲的崇高情怀！

日本侵略者建造的玲珑金矿选矿厂

日本侵略者建造的玲珑金矿矿洞（遗址）

▲ 全面抗战时期的地质矿产调查与开发

赣南钨矿调查

钨矿在战争年代是一种重要的军事战略资源，是制造军火的必需矿产资源。全面抗战爆发后，国民政府在中国江西、云南等地积极开展钨、锑、锡等矿产资源的调查与勘查工作，并加快开发以换取外汇、购买军火。全国地质资料馆收藏的《江西会昌县铁山垅十六公山黄砂隘上钨矿》《江西泰和小龙兴国县覆笥山钨矿》《江西赣县白石钨矿笔架蛤湖崇钨矿》就是此时期形成的地质报告。此三处勘探工作均是在前人已开展过矿产开采的基础上开展的进一步调查与勘查工作。

值得一提的是，红军在江西根据地时期也曾开发钨砂，换取经费。这在徐克勤的赣南钨矿调查报告中有证实。更难能可贵的是，徐克勤在报告中直接使用了"红军"两字，这在当时环境下是要冒个人政治风险的。

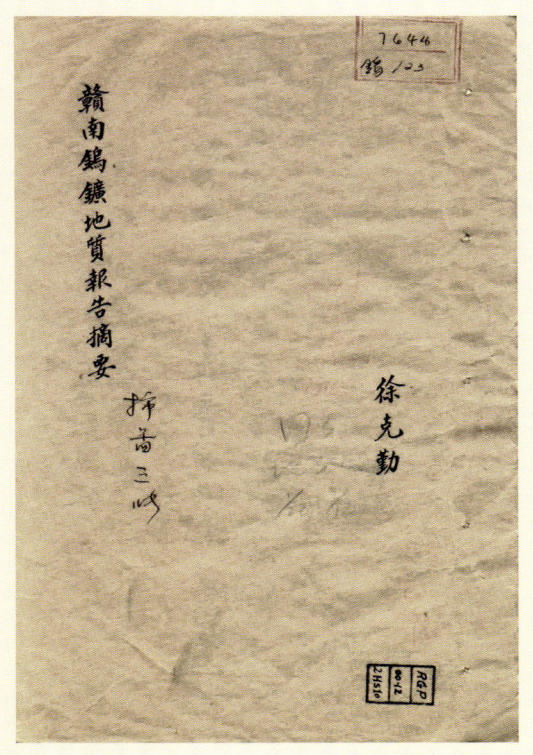

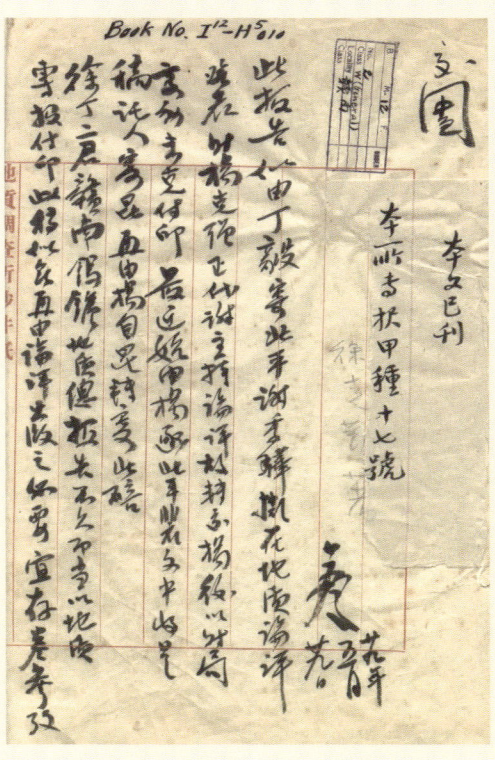

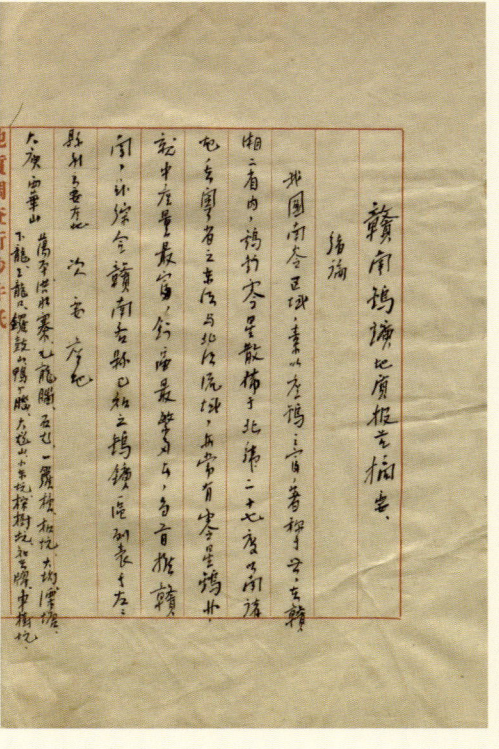

第二部分 地质矿产调查支持全面抗战

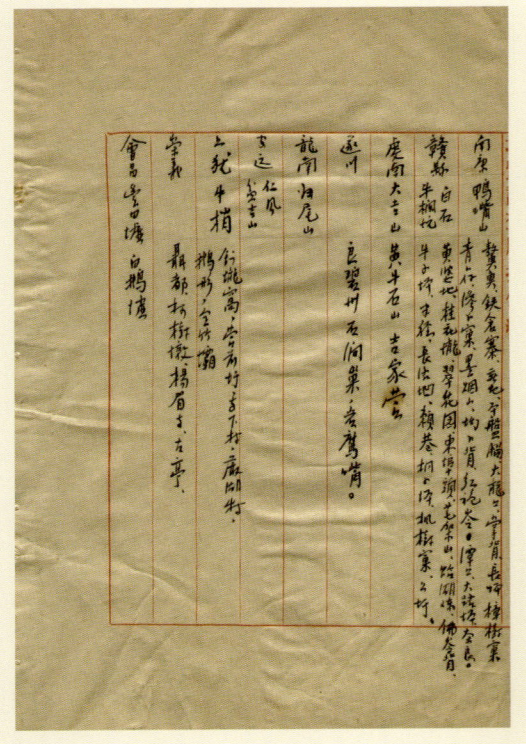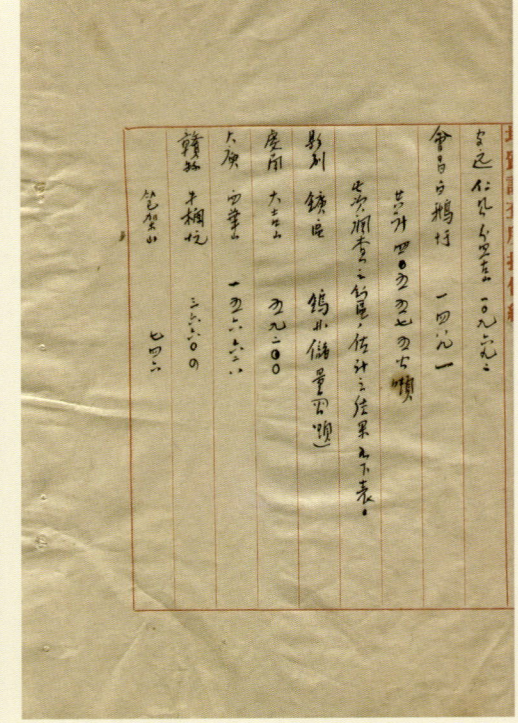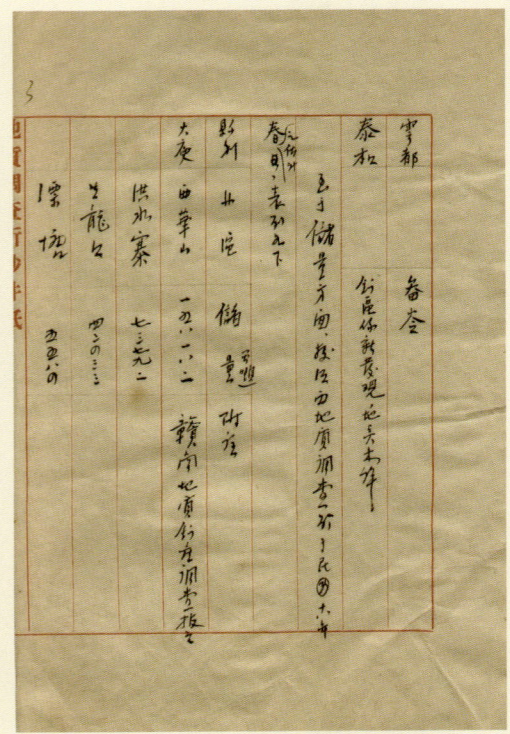

徐克勤编著的《赣南钨矿地质报告摘要》，其中提及了红军开采钨矿换取经费

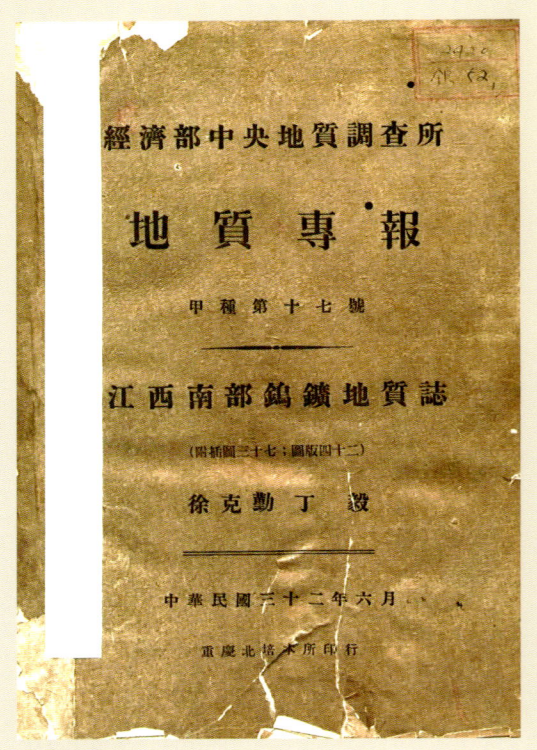

《江西南部钨矿地质志》

锡、锑、铅锌等矿产的调查与开发

为保障战时经济工作运转，支援抗战，地质工作者在云南、贵州、广西、四川等地对铅锌、锡、锑等矿产资源进行调查，对保证抗战的资金需求作出了重要贡献。

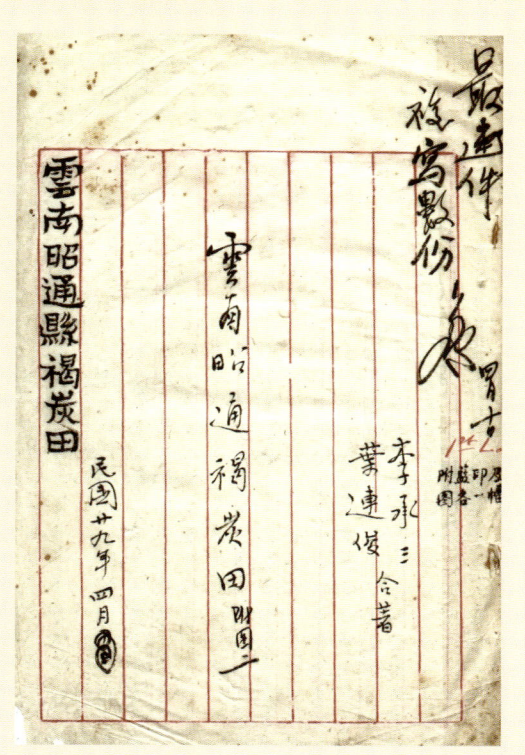

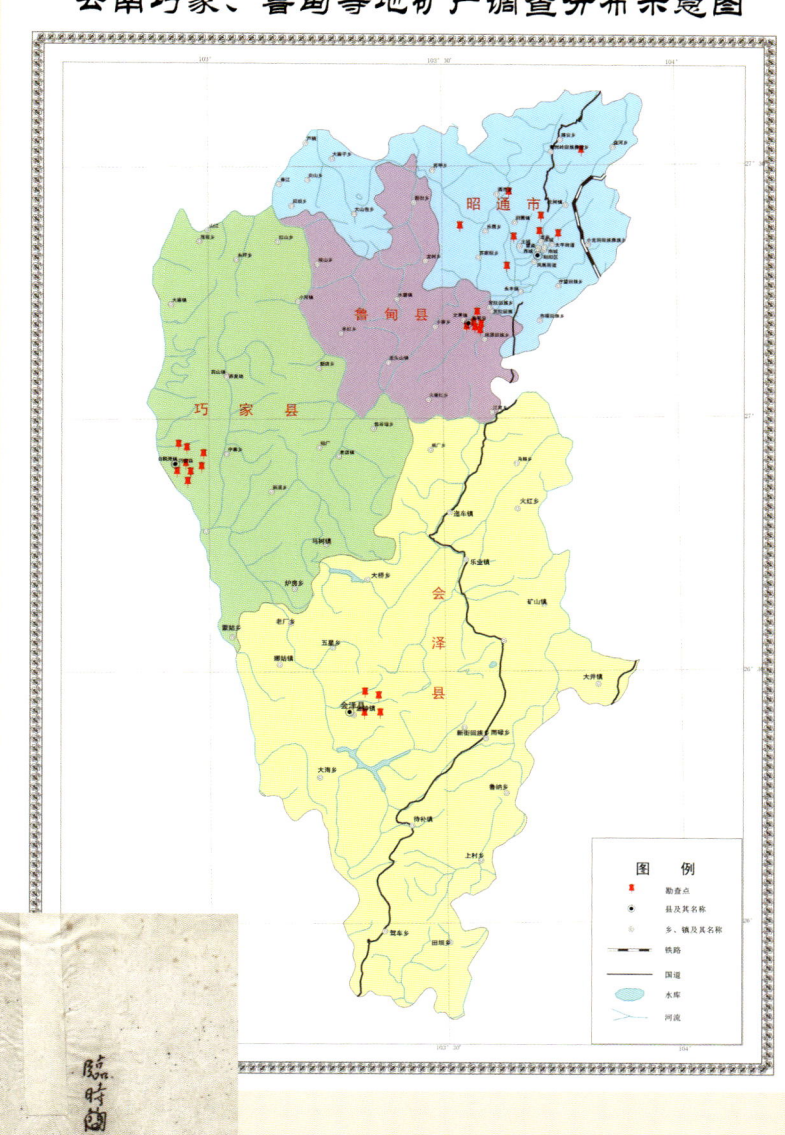

云南昭通附近地质矿产调查报告

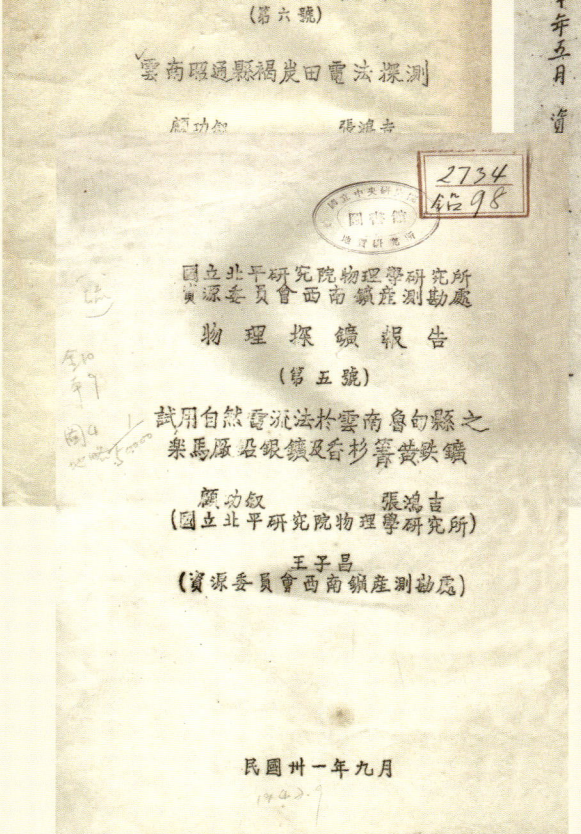

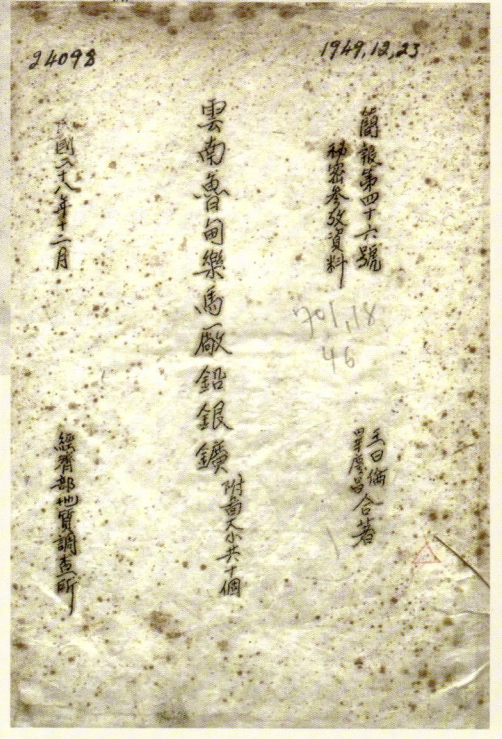

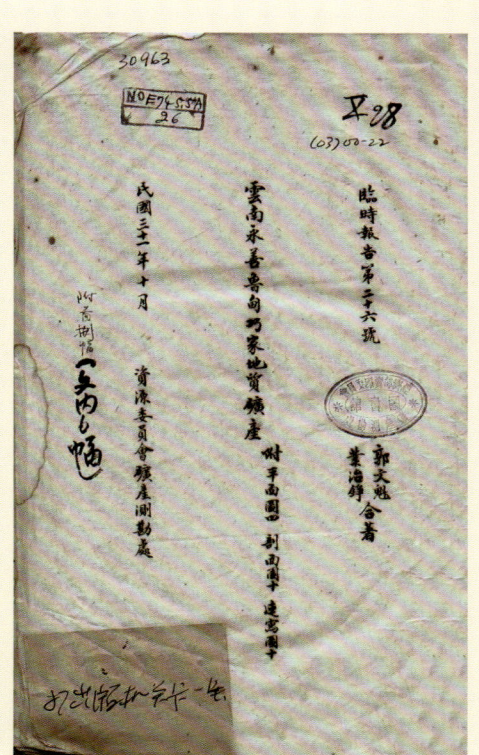

二 陕甘宁边区地质矿产调查与开发

地质调查与矿业开发有力地支持了陕甘宁边区建设。边区政府高度重视地质调查与矿产开发工作，建立了专门的地质与矿业开发机构，组织开展了边区地质普查，对延长油田，蟠龙铁矿，瓦窑堡煤矿，渭北煤炭、铁及石灰岩矿等进行地质勘查，找到了煤、石油、锰、铁、盐等矿产资源；通过勘探开发，延长油田大幅增产、煤矿产量大幅增加，三边盐矿生产取得重大突破，并建立了西北铁厂等一批矿山企业，保障了边区经济和社会稳定发展，得到毛泽东主席的肯定和赞扬。

陕甘宁边区辖有延安、绥德、三边、关中和陇东5个分区，辖23个县，人口200多万，面积近13万平方千米

地质与矿业机构：

◆ 延安自然科学院矿冶系　　◆ 军委军事工业局第一科
◆ 边区建设厅工矿科　　　　◆ 陕甘宁边区地质矿冶学会

武衡，陕甘宁边区地质矿冶学会会长，陕甘宁边区自然科学院院长，组织完成了边区主要地质调查和勘探工作，为边区的地质矿产事业作出了重要贡献。新中国成立之后，当选中国科学院学部委员（院士），历任国家科学技术委员会常务副主任、国家科学技术委员会顾问和中国科学院学部主席团执行主席等职。

开发延长油田

延长油田位于陕北地区，地跨延长、延川、子县三县和延安市。延长油田和定边盐矿并称陕甘宁边区的"两宝"。

1939－1946年，新开钻井15口，原油产量提高3－4倍，共产出原油3155吨，生产汽油163.943吨、煤油512.330吨、蜡烛5760箱、蜡片3894千克，有力地支持了抗日战争。

延长石油厂还生产擦枪油、凡士林、油墨、黄油等大量石油副产品，凡士林是治疗冻伤的良药，保证了军队的战斗力。

三 陕甘宁边区地质矿产调查与开发

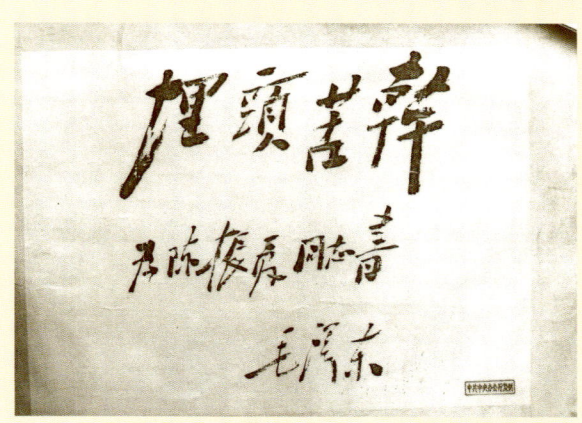

1944年，毛泽东为陕甘宁边区劳模、延长石油厂厂长陈振夏的题词

1938年2月，中共中央派陈振夏、胡华钦、王凯三人来延长石油厂组织恢复生产工作，1940年开钻延19井，初日产油1.6吨，被誉为"起家井"

"起家井"（延19井）开工时合影

开发陕北煤矿

1937年12月,陕甘宁边区政府成立建设厅,归口管理煤炭开发工作。1942年有煤矿(窑)61家,年产煤炭6.76万吨。1943年发展到100家,年产煤炭约9.1万吨。

1941年9月,边区政府组织地质考察团,兵分两路开展地质调查。一路由武衡带领考察子长、绥德、米脂等地,另一路由汪鹏带队考察延长和延安一带。

1941年11月至1942年2月,武衡、汪鹏、范慕韩组成工作组,在甘泉、富阳一带调查煤、铁等矿。在关中衣食村至赤水一带,发现了一条长100多里(50余千米)的煤带,被称为陕西"黑腰带"。

武衡等人完成关中地区的地质矿产调查,形成《关中分区的地质及矿产》报告,载于1940年11月30日的《解放日报》

关中分区煤炭产地概况一览表

煤炭产地	水分/%	挥发分/%	含碳量/%	灰/%	含硫量/%	发热量/(Btu/lb)
子长瓦窑堡	1.91	33.71	56.2	7.76	1.04	12547
常起岭	1.99	30.37	56.67	7.92	0.98	12898
小蹄子沟	1.85	31.10	60.68	8.86	1.72	13222
史家沟	2.26	29.21	52.28	16.25	3.25	11370
淳化安子凹	2.13	35.26	52.06	10.55	0.11	10287
蟠龙镇	1.90	28.67	57.68	11.75	2.41	21594

注:资料来源于延安市国土资源局、子长市国土资源局;1Btu/lb=2.3237kJ/kg

开发三边盐矿

"咸盐、皮毛、甜甘草"是定边三宝,咸盐居首。1940年,陈康白、华寿俊到盐池实地勘查,调查盐层,发现了"海眼",为稳产增产奠定了基础。1940年秋,王震领导的三五九旅四支队2000余名指战员赴盐场打盐,食盐产量大幅提高,1939—1944年累计为边区提供食盐11.77万吨。

三五九旅在盐厂打盐

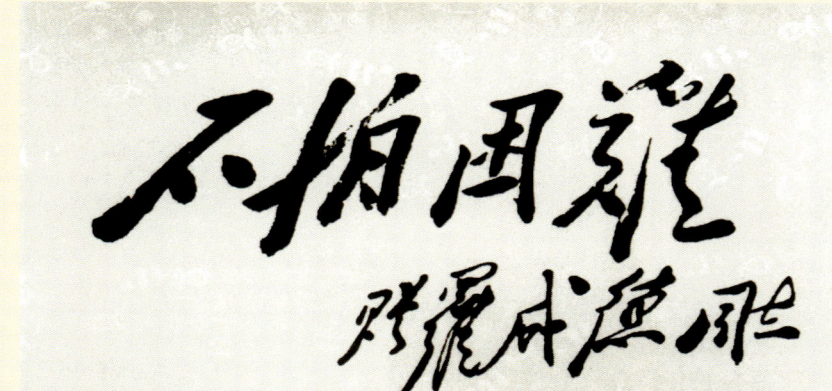

1942年，毛泽东为陕甘宁边区劳模、三边盐厂厂长罗成德的题词

1937—1945年盐税收入统计表

年 度	税收金额/元	占工商税比例/%
1937	1868.50	100
1938	49247.50	68.50
1939	29895.50	67.30
1940	44060.00	56.80
1941	372084.00	46.30
1942	489576.00	12.80
1943	4471490.00	15.60
1944	24578778.00	17.50
1945	1781788428.00	34.50

注：资料来源于定边县人民政府、盐池县国土资源局

盐矿开发不仅解决了边区200多万抗日军民的吃盐问题，还向边区政府缴纳税收3000余万元，换回了大量的急需物资，最高时对边区财政的贡献达到100%，被毛主席誉为"边区的经济命脉""中央第一财政"。

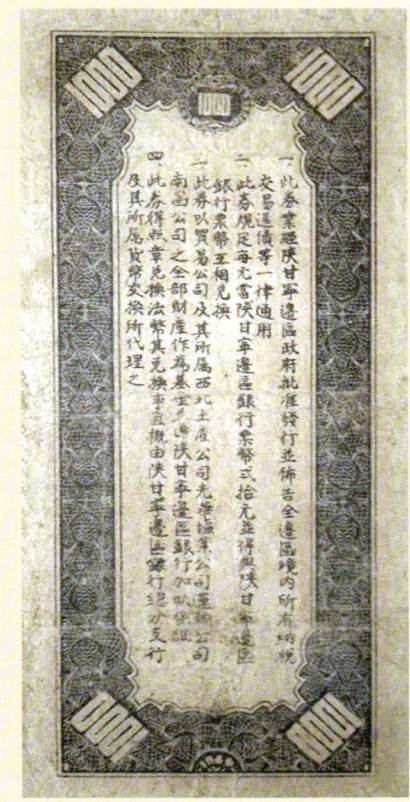

发行于1944年的陕甘宁边区贸易公司商业流通券

第二部分 地质矿产调查支持全面抗战

四 抗击掠夺资源的日寇

八路军打击日伪矿山、交通线

中国共产党冀西分区第四军分区对掠夺井陉煤矿的日寇持续攻击。据日文资料记载："盘踞在煤矿西北山区的'匪团'（冀西区第四军分区）积极谋划攻势，向下属'匪团'发出指令，采用地下工作或游击战术努力开展活动。在该地区，第九区队侦察连与武装宣传队（武装工作队）进行配合，通过巧妙的手段，而且以'阴谋'的游击战法出没于治下村落，动员民众，巧妙利用他们刺探日军军情，攻击一线设施，四处袭扰，破坏通信线路，埋设地雷，鼓动宣传性的反攻，促进自发性的行动，又将今年称作总反攻，努力以'欺骗性'宣传获得大众，声称最后的胜利属于中共，四处'盲动'，反复不断地展开活跃的攻势。"

[廖步云生平]

廖步云是福建省武平县人，1931年参加革命，1932年参加中国工农红军，1934年加入中国共产党。抗日战争时期，他历任营指导员、文书、支队政治部技术书记、干事、团教导员、清太徐大队大队长兼政委、副支队长、支队长、团政委等职，参加了平型关、广阳、老爷岭和反"扫荡"、反"蚕食"等战役战斗。廖步云1955年被授予大校军衔，1964年晋升为少将，曾荣获三级八一勋章、三级独立自由勋章、三级解放勋章和一级红星功勋荣誉章。

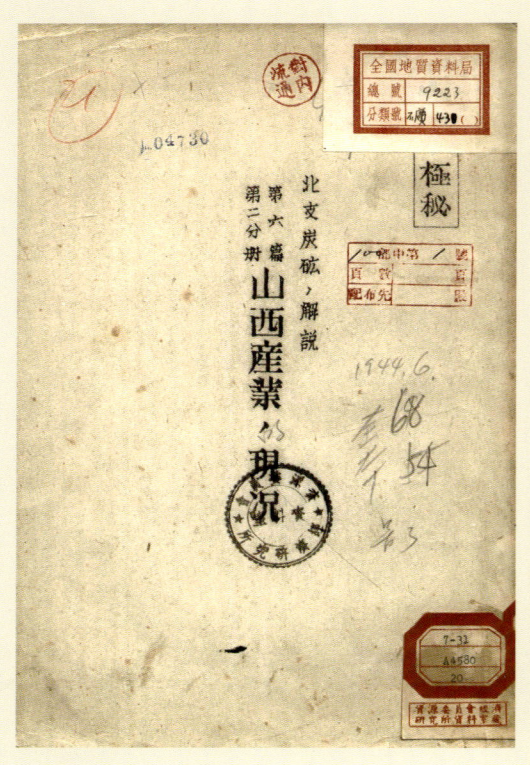
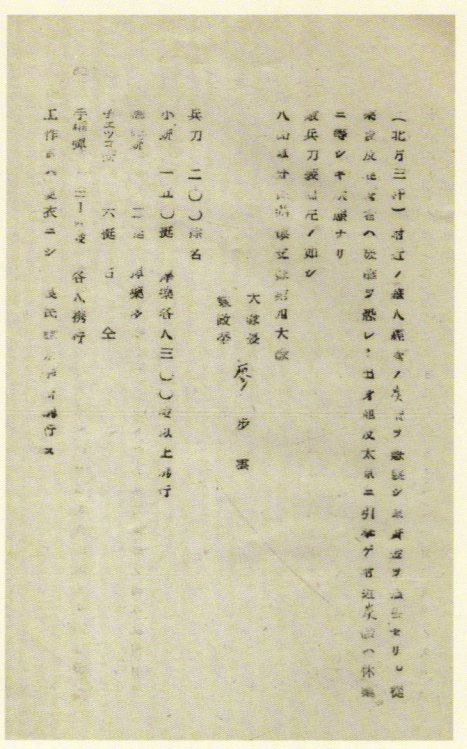
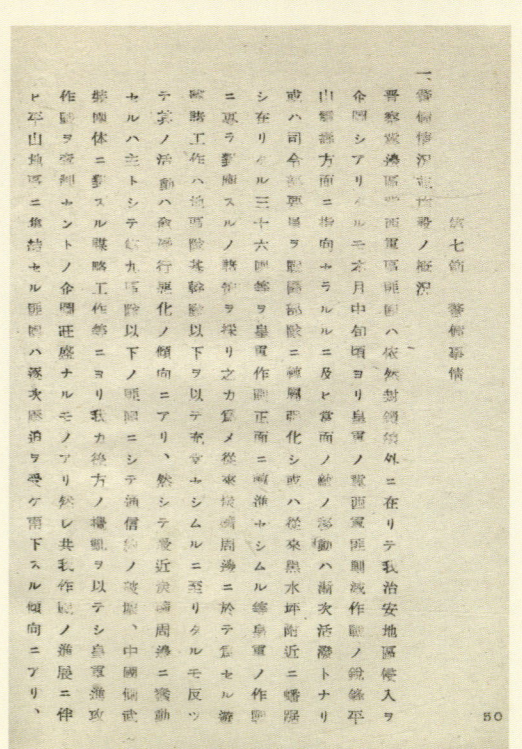

四 抗击掠夺资源的日寇

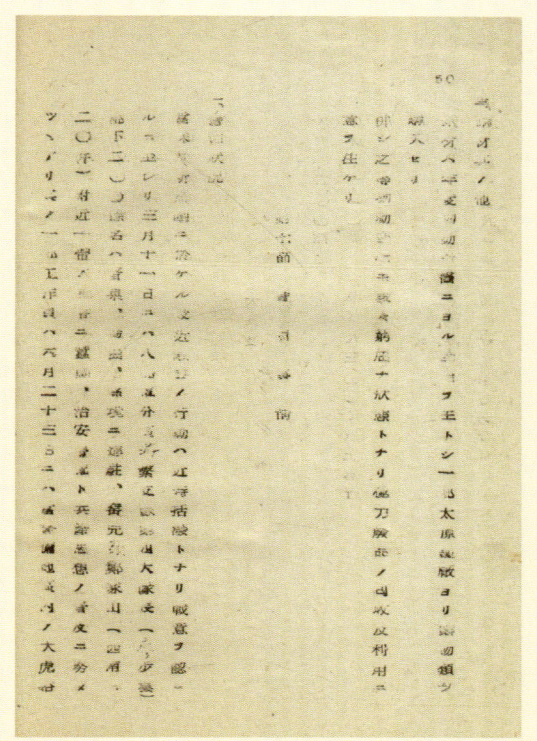
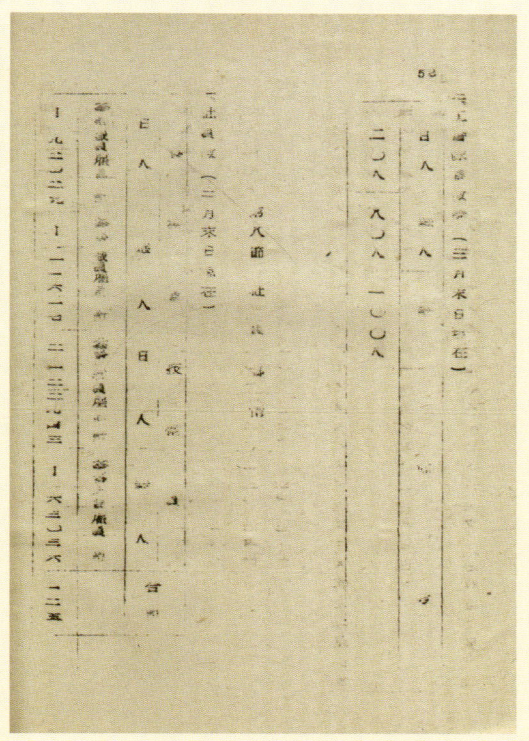

在日文《山西产业现况》报告中，提到受到了八路军游击队第四大队的攻击，该大队大队长兼政委为廖步云，并开列了廖步云部队的编制、装备

八路军袭扰坨里煤矿

在日文《坨里炭矿现状》报告中，详细记录了从1938年12月24日至1940年2月6日间连续16次受到八路军攻打及日寇遭受损失的情况。

在日文《坨里炭矿现状》报告中，详细列出了日寇从1938年12月24日至1940年2月6日间连续16次受到八路军打击，遭受损失的情况

八路军领导的密云抗战

日本对我国资源的觊觎和掠夺一直遭到中国人民的坚决反抗，现存的不少勘测记录都提到这一点。如日本调查人员的野外调查记录本中就记录了八路军对其的攻击。

四　抗击掠夺资源的日寇

注：资料来源于石圪节煤矿

译文： 5月22日　阴

受到墙子路警备队的警告，并被暂时关押。半小时后被释放（21日下午8时左右）。取消定于22日上午进行的调查工作，并准备返回密云。在距离墙子路西南一公里的地方，遭到200余名八路军的袭击，重石会社警卫队有数人受伤或失踪（10时），双方交战近1小时。13时10分从墙子路出发后，于中途在塘子就餐，并于16时到达密云。

东北抗日联军反掠夺斗争

日本侵略者在东北开展地质调查过程中撰写的"野记"和"巡见记"记述了中国共产党领导的抗日联军阻击日本地质调查与矿产开发活动的史实。

← 译文：接到伐木班请求救援的紧急通知后，警卫队长命令14名队员急行军赶往当地。到达时适逢"土匪"刚刚逃走，只看见了敌人的背影，无法确认。帮助伐木班寻找尸体并进行火葬后，于22日回到营地

在"《满洲采金事业方策关系资料》"中的第五章警备相关事宜中详细记录了中国军民对日寇的攻击 →

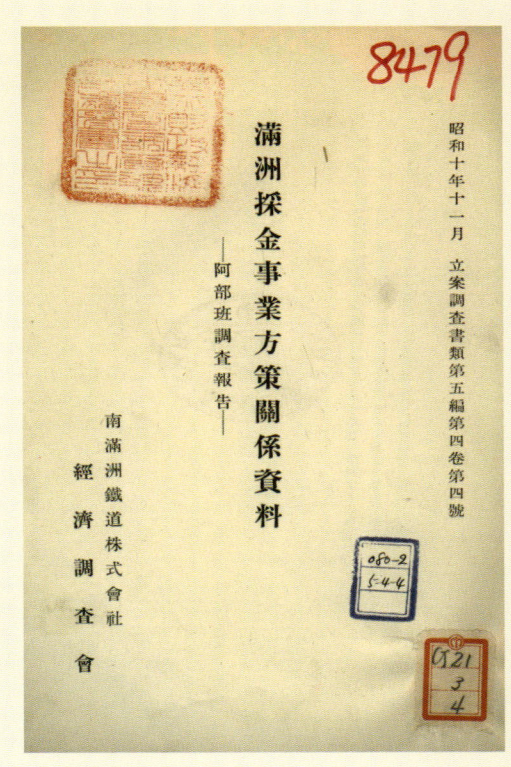

纪念中国人民抗日战争暨世界反法西斯战争胜利75周年｜地质矿产史料图集

第二部分 地质矿产调查支持全面抗战

译文：九月二十三日　盆地道路上没有遮挡物，只能隐身于刚刚收割过的麦地之中与敌交战。战斗持续约二小时。此时，上等兵池内左下鄂部受贯通伤。大约30分钟后，上等兵江岛右胸部受贯通伤后摔倒在地。但是，敌人的兵力却在逐渐增加，三个方向的"土匪"合计大约有100名，与我们的最近的距离约有30米，因此无法实施急救措施，只能拼命地大喊"坚持住，再等一会儿"。不久之后，勇敢的上等兵池内忍着剧痛，冒着枪林弹雨爬到上等兵江岛身边，解开自己的绑腿包扎在江岛的伤口上，采取急救措施为其止血后，以必死之心一个人撤退到北面的八虎力河边，并赶往大酱缸，向驻扎在那里的吉林军求援。此时已交战4个小时，携带的弹药已所剩无几，便下定决心要决一死战，以显示日本男人的气概。大喊三声"天皇万岁"后，静待进攻时机。这时，从佳木斯返回营地途中的运货马车队于4点到达八虎力河柳毛河桥，听到东面小酱缸附近传来的激烈的枪声，便知道我部在与"土匪"交战。因此，立即做好战斗准备。在1000米以外的前方发现一队"土匪"后便开始用轻机枪射击，并向敌人右侧的盆地方向前进。与此同时，吉林军在接到上等兵池内的紧急汇报后，派出20名士兵前来救援，并带来自动步枪在敌人左侧的大酱缸西面高地上射击。得知援军已经赶到的消息，便消除了以身殉国的决心，信心百倍地使用现有的子弹进行射击。三方面齐心协力将"土匪"击退。我部与马车队百感交集之余执手相庆并热泪盈眶，高呼万岁。因为万一运货马车队来晚了，我部的9名队员便会成为冰冷的尸体，而随后赶到的马车队的4名队员也同样会死于非命。

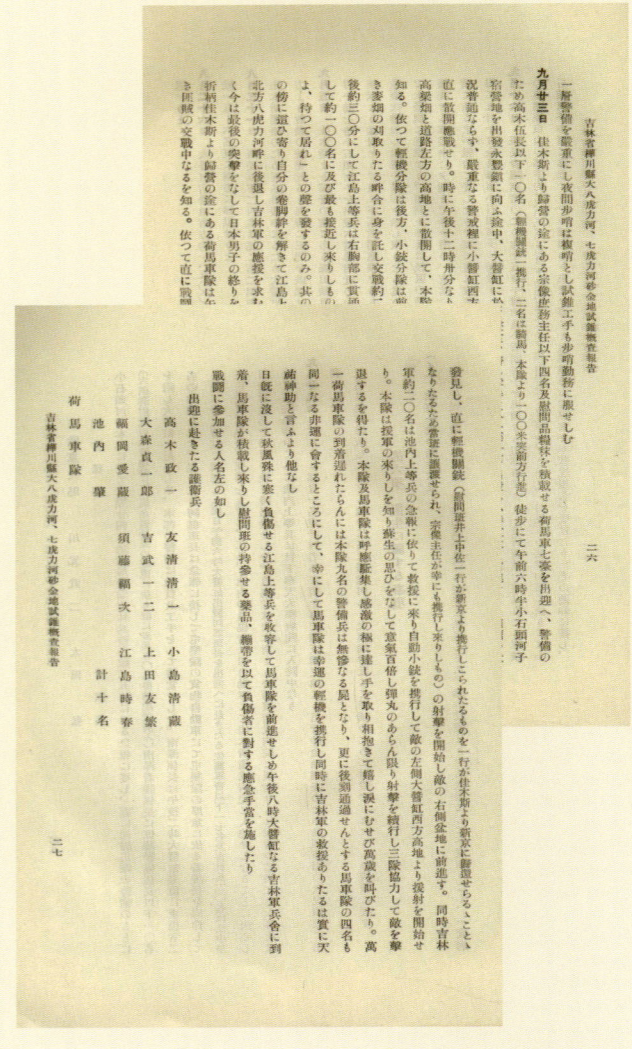

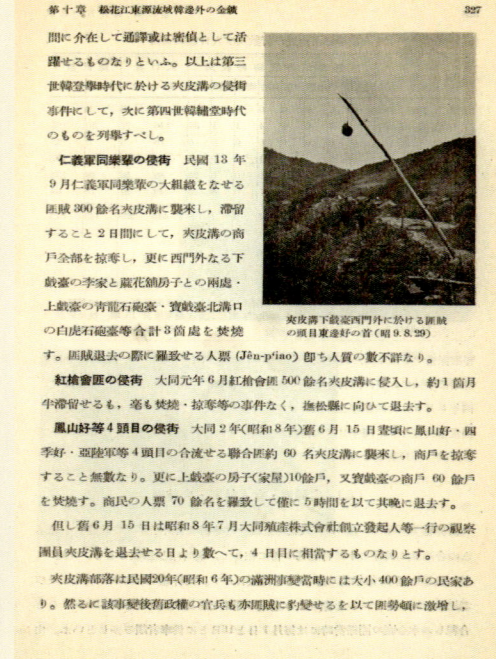

日寇需要通过武装保护，对抗中国武装的不断攻击，维持其地质勘查队及矿区的相对安全

第三部分

地质大师 风范长存

第三部分 地质大师风范长存

国家兴亡　匹夫有责

忆往昔峥嵘岁月，地质先辈们为了抗日战争的胜利，为了捍卫民族的尊严，为了保卫国家的矿产，坚守在十分危险的地质工作第一线，他们跋山涉水、风餐露宿、流血流汗，不知多少人献出了宝贵的生命。这些抗战时期坚持在找矿战斗一线的地质先辈们始终牢记着"国家现需待于吾辈学地质者甚殷"！

历史定格，精神永驻。今天，我们从这些珍贵的地质史料中，仍能触摸到地质大师们跳动的脉搏，仍能感受到大师们"国家兴亡，匹夫有责"的爱国情怀。在中华大地抗战史上，他们用生命和汗水书写了英雄的地质工作者不可磨灭的篇章！

翁文灏向地质同仁发出抗战动员令

卢沟桥抗战爆发后，翁文灏分别于1937年10月和12月发表《告地质调查所同人书》和《再致地质调查所同人书》，动员地质学家们寻找矿产资源、支持抗战。

1.《告地质调查所同人书》（摘录）（1937年10月22日）

翁文灏动员地质同人们"惟在如何工作方足使我辈地质研究及调查得直接有益于抗战，亦即有所贡献于近代国家之建设"。

翁文灏要求地质学家们"在此非常时期，应酌量集中工作于应用方面，同人所最易用力与直接有利于国之事业，实当以上述方法为最善之途径。更欲有言者，我辈对国事不宜着空急，而宜用实力。用力之法，又莫善于各就自身能力所长而认真发挥，使他人易为知悉，易为利用。国家力量乃由许多职业的力量集合而成，故一业之特别成果，定必于国力有所裨益。"

2.《再致地质调查所同人书》（摘录）（1937年12月22日）

翁文灏发表《再致地质调查所同人书》，告诫地质学家们"我们决不做敌国的顺民、亦必不加入任何附敌的组织。科学的真理无国界，但科学人才、科学材料、科学工作的地方，都是有国界的。我们万不应托名科学而弃了国家，也不应托名保全本所材料而忘了中华民国。在这种情形之下，我们很愿牺牲我所一切所有，争回我们的人格，保全我们的国体。我为此言，并非无故而发，实甚有事实感触，故更沉痛言之。我所同人务必全体衷心爱国，切勿做汉奸，切勿附敌国，为中国做好国民，亦是为本所取到好名誉。"

"国家待我们并不坏，我们决不可因薪给厚薄而有怨言。我们固已十分尽力，但政府社会期望与我们之更为前进者正自甚多，我们决不可因已有若干成绩，而不更求进步。"

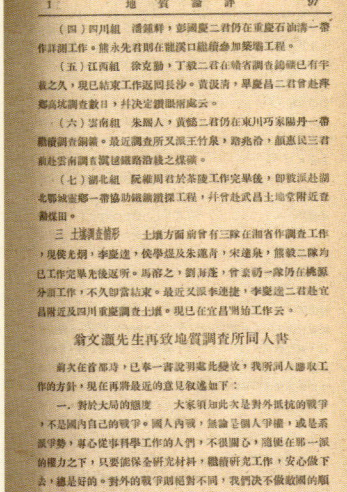
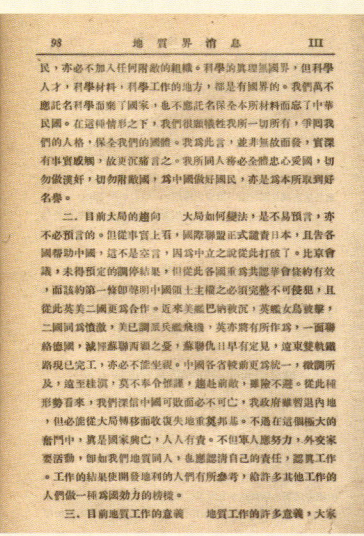
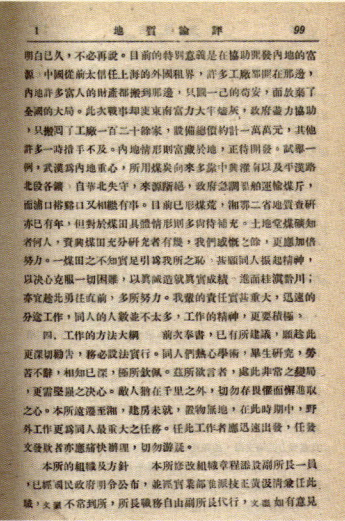

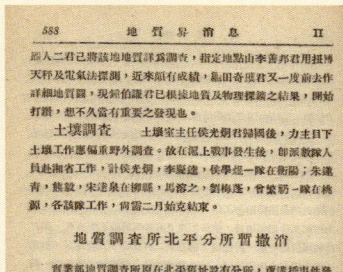

[翁文灏生平]

翁文灏（1889—1971）字咏霓，浙江鄞县（今属宁波）人。出生于绅商家庭，清末留学比利时，专攻地质学，获理学博士学位，于1912年回国。民国时期著名学者，中国早期著名的地质学家。

第三部分 地质大师风范长存

章鸿钊拒绝为日伪政权服务

抗日战争时期，章鸿钊因年高多病而困居北平，闭门谢客。1941年乘车失足致使左足踝骨骨折，因经济拮据，部分医药费用依靠他的学生帮助筹措解决。当时日本侵略者屡次赴门敦请，他始终不屈，拒绝同日本人合作。在经济条件极端困难时，出售藏书度日，坚决不向侵略者低头。

[章鸿钊生平]

章鸿钊（1877—1951），我国地质界一代宗师，中国科学史事业的开拓者和中国近代地质学奠基人之一。创办了农商部地质研究所（地质讲习班），为我国培育了第一批地质学家，其中许多人成为我国早期地质工作的主力。参与筹建中国地质学会，并任首届会长。

1930年鹫峰地震台建成，章鸿钊、翁文灏、李善邦、谢家荣等在鹫峰地震台前的合影

1933年于北京葛利普寓所合影

丁文江考察煤矿不幸遇难

"九一八事变"后，丁文江主持国防设计委员会原料与制造组工作，为加快我国内地现代工矿业建设，组织开展地质矿产调查工作，常常亲临野外一线。1936年在湖南谭家山煤矿调查中，不幸遇难。

丁文江作为著名地质学家，深明大义，

[丁文江生平]

丁文江（1887—1936），字在君，江苏泰兴人，地质学家、社会活动家。1902年秋东渡日本留学。1904年夏前往英国。1906年秋在剑桥大学学习。1907至1911年在格拉斯哥大学攻读动物学及地质学，获双学士。1911年5月回国，创办了中国最早的地质调查机构。1936年1月5日，在湖南谭家山煤矿考察时不幸因公殉职。

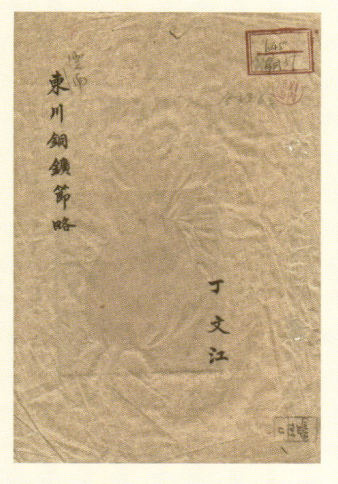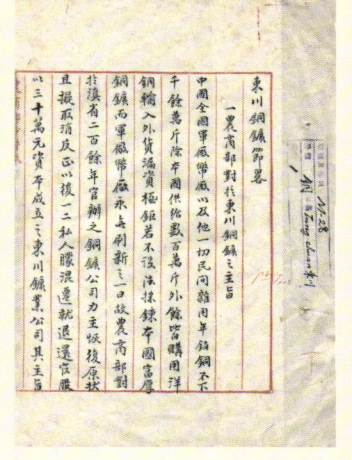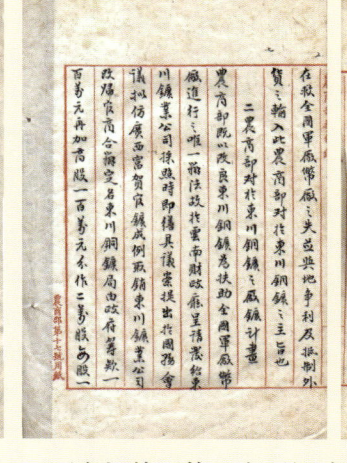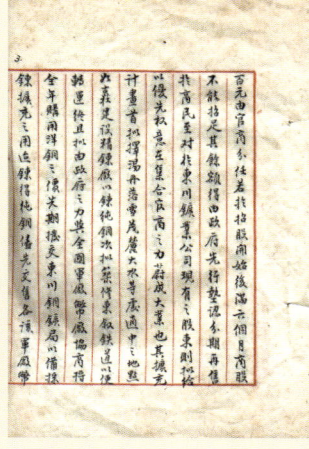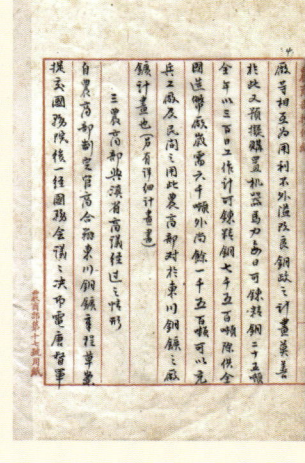

丁文江编写的《东川铜矿节略》

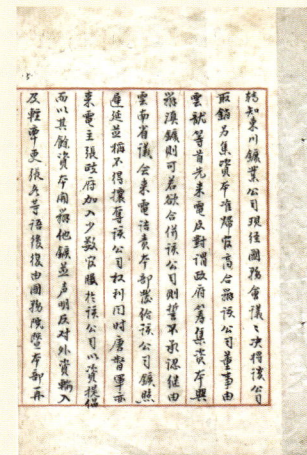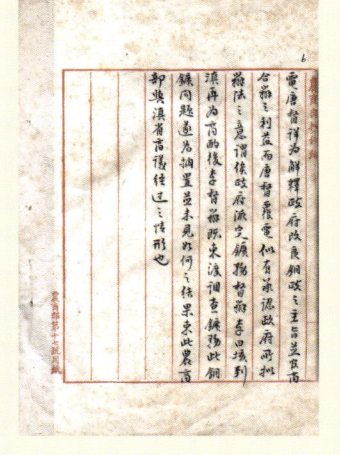

在民族危亡时刻，呼吁国共合作，共同抗日。1933年3月3日，与翁文灏、胡适一道致电蒋介石"热河危急，决非汉卿所能支持。不战再失一省，对内对外，中央必难逃责。非公即日飞来指挥挽救，政府将无以自解于天下。"

丁文江在《独立评论》上写道，"共产党是贪污苛暴的政府造成的，是日日年年苛捐重税而不行一丝一毫善政的政府造成的，是内乱造成的，是政府军队'齐寇兵资盗粮'造成的""共产党是有组织，有主义，有军队枪械的政敌""停止一切武力剿匪的计划和行动，用权力整顿江浙皖鄂赣五省的政治"。

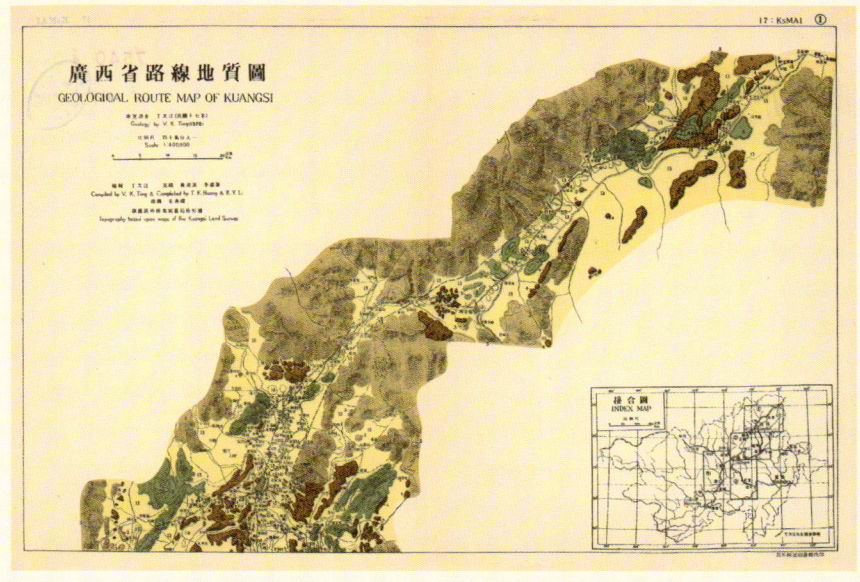

丁文江、黄汲清等于1928年（民国十七年）编绘的《广西省路线地质图》

地质先辈为国取义

地质学家们面对民族危难，始终牢记自己的职责："国家现需待于吾辈学地质者甚殷""既不能执干戈以卫社稷，便应就本职努力，以尽匹夫有责之义"。为抗战贡献自己的专业知识和技能，以实际行动表达自己的爱国情怀，成为中国地质学家们奋斗甚至牺牲的精神支柱。如谢家荣所言，地质学界在抗战中取得的这些成绩"并非幸运而致，地质界遭受折磨，为学术牺牲者大有人在"。丁文江为考察煤矿而死；吴希曾、王德森、林文英于野外调查之时遭覆车之祸；朱森、计荣森、胡伯素、张沅凯、刘庄等因疾病与恶劣环境打击英年早逝；许德佑、陈康、马以思竟于科学调查之时死于土匪之手。为了民族抗战而献出生命的地质学家们永远值得我们景仰与怀念。

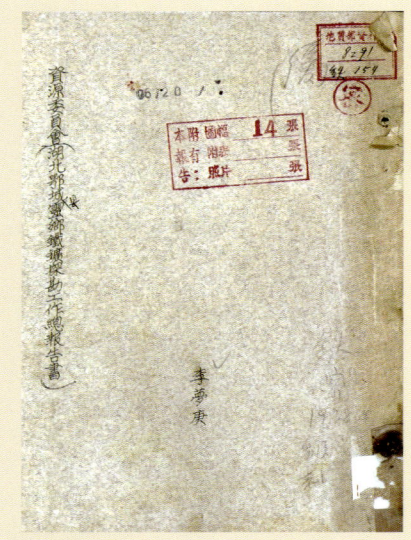
资源委员会湖北鄂城县灵乡
铁矿探勘工作总报告书

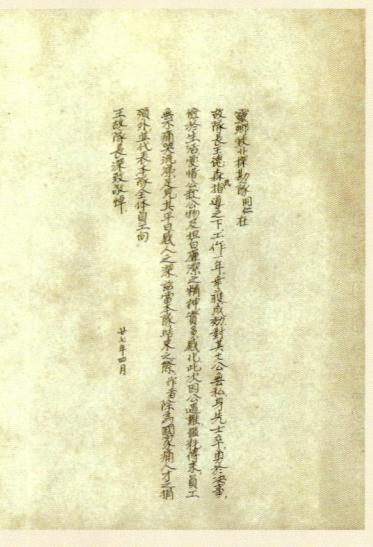
报告扉页悼念王德森

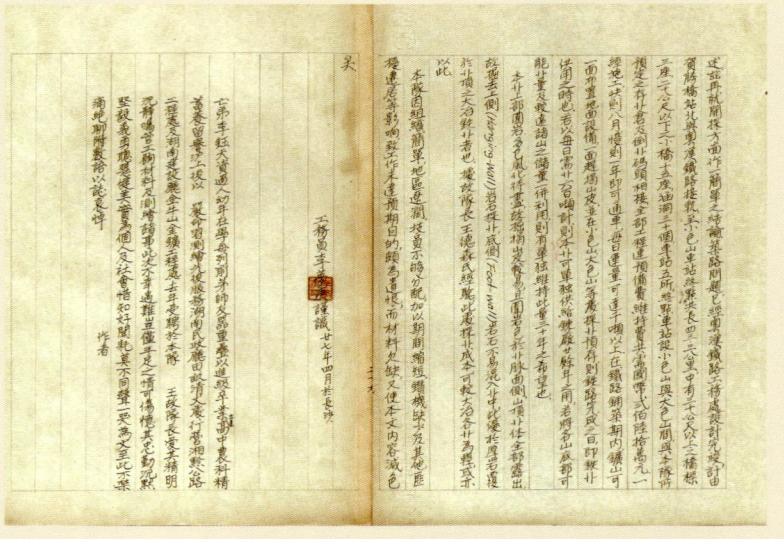
报告结尾悼念测量员李钰

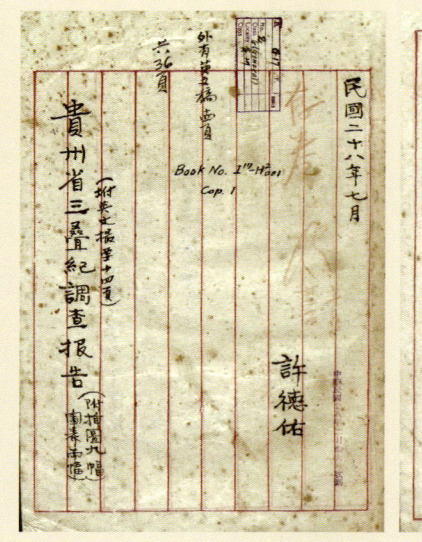

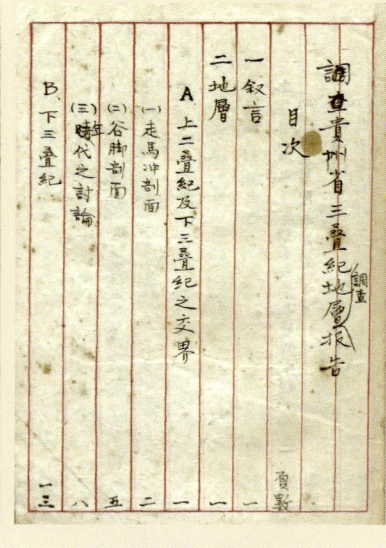

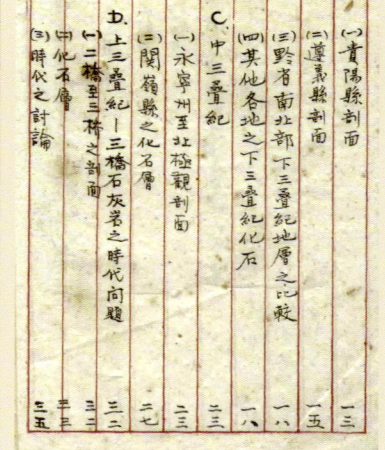

许德佑文存

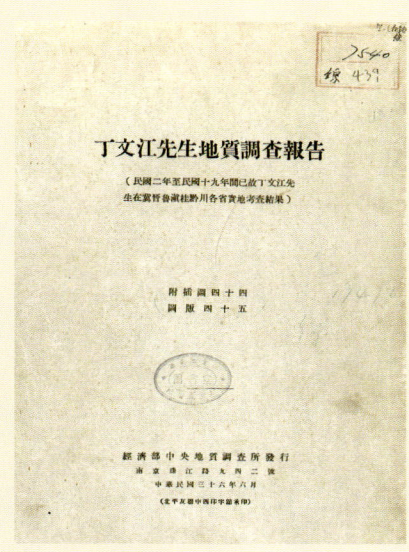

《丁文江先生地质调查报告》　　《地质界消息》　　《悼念朱森先生》　　翁文灏在《地质论评》中发表的《几个地质学的大师》

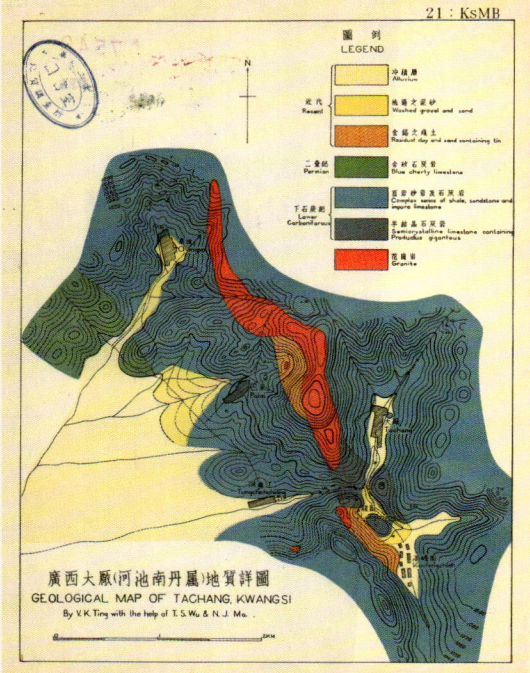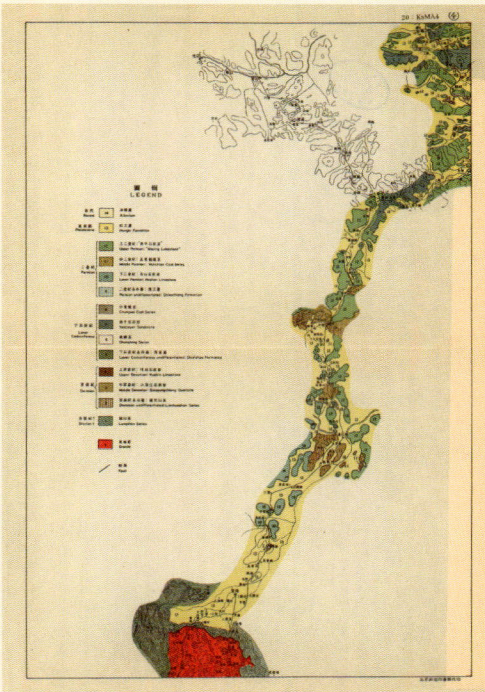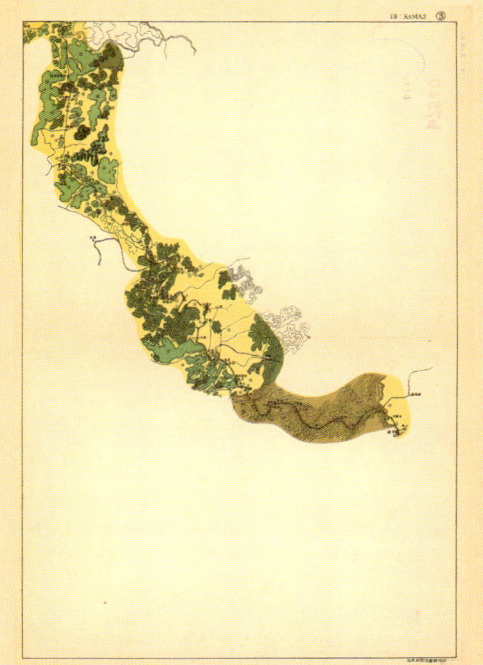

丁文江完成的《广西大厂（河池南丹属）地质详图》

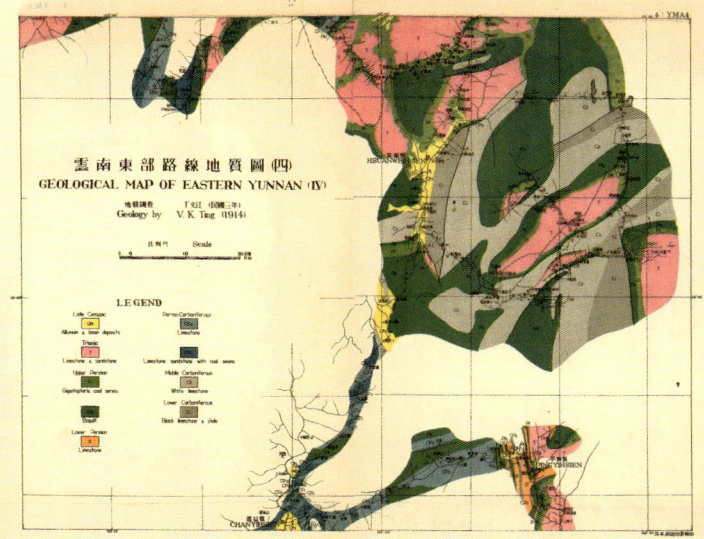

丁文江完成的《云南东部路线地质图（四）》

第三部分 地质大师风范长存

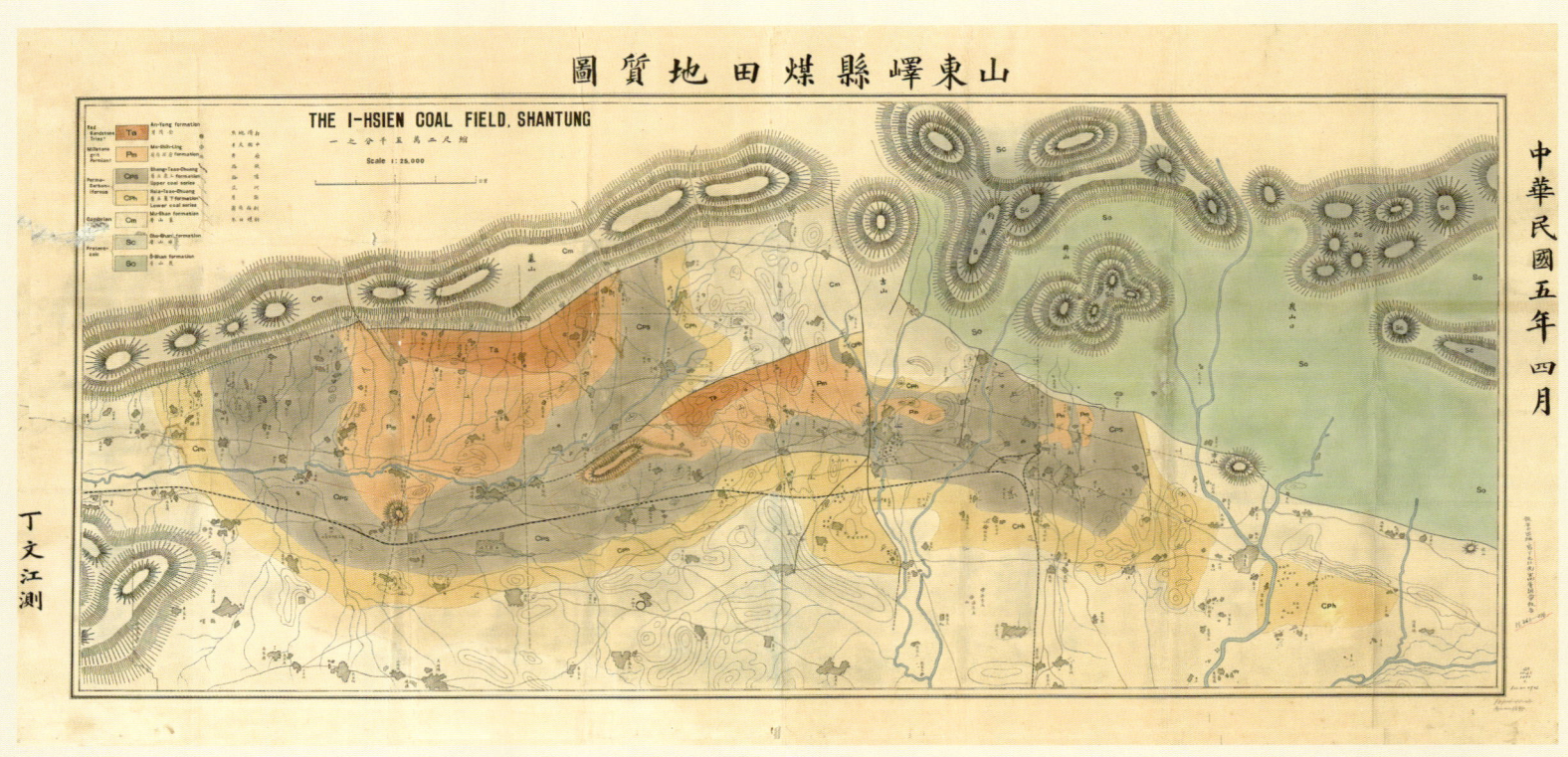

山东峄县煤田地质图

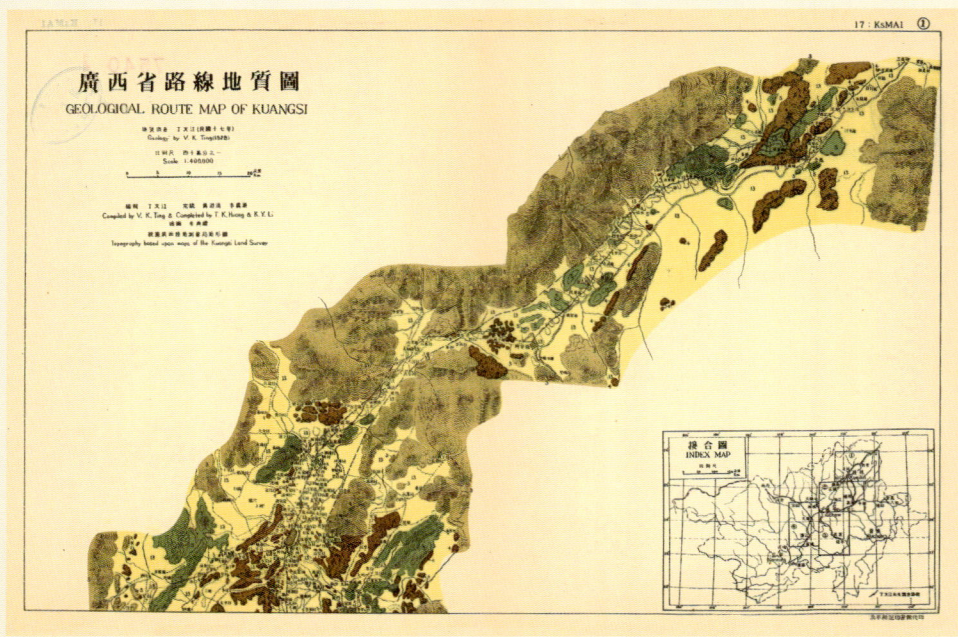

广西省路线地质图

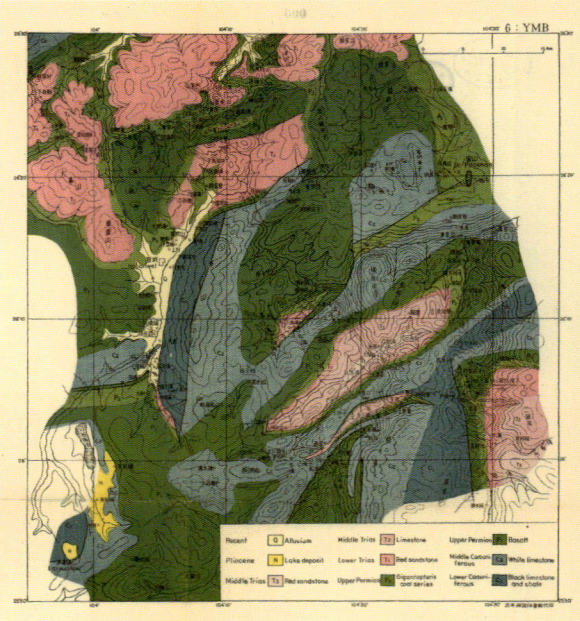

云南东部路线地质图（六）

地质先辈榜

抗战期间，一大批中国地质工作者在恶劣的环境下，克服人力不足等诸多困难，勘查了大批矿产资源，为抗战胜利作出了突出贡献。这些名字值得我们纪念：

章鸿钊、翁文灏、丁文江、李四光、安朝俊、白家驹、薄绍宗、毕庆昌、边兆祥、卞美年、蔡厚民、蔡丽举、曹立瀛、曹世禄、柴登榜、常隆庆、陈　贵、陈秉范、陈光远、陈国达、陈　恺、陈励刚、陈梦熊、涂铁頳、陈敏哉、陈庆宣、陈锡煅、陈　旭、陈　檀、陈　正、谌　睿、程绍祺、程义洁、程裕淇、池际尚、褚保熙、崔克信、戴尚清、党　刚、邓汲熙、丁　骕、丁锡祉、丁　啸、丁　毅、董　纶、董申保、董蔚翘、杜博民、杜恒俭、杜衡龄、杜精南、杜施德、段国璋、范金台、方　俊、方瑞濂、冯景兰、高崇照、高　平、高振西、高　之、高之林、宫景光、龚学邃、谷德振、顾功叙、顾知微、关士聪、郭令智、郭诠吉、郭文魁、郭宗山、韩吉生、韩树棠、韩修德、何　成、何春荪、何德行、何绍勋、何　璠、洪　中、侯德封、胡伯素、胡博渊、胡克俭、胡叔元、胡　傅、胡忠恒、黄伯遂、黄昶芳、黄朝环、黄　朝、黄春江、黄汲清、黄启华、黄启卓、黄劭显、黄树檀、黄旭初、黄　懿、黄肇修、黄志夫、霍世诚、计荣森、贾福海、江厚祯、江镜涛、姜　信、蒋冠英、蒋　溶、金耀华、靳凤桐、雷祚雯、黎盛斯、李承三、李春昱、李登科、李殿臣、李方城、李广源、李洪谟、李　捷、李钧衡、李梦庚、李铭德、李铭洁、李　璞、李庆远、李善泽、李士林、李树勋、李　陶、李贤诚、李星学、李学清、李用平、李有爵、李悦言、梁邦桢、梁　津、梁文佑、梁文郁、寥友仁、廖士范、林朝启、林观得、林树辉、林文英、刘宝忠、刘昌世、刘国昌、刘国忠、刘海莲、刘行谦、刘辉泗、刘季辰、刘　平、刘景昆、刘　译、刘连捷、刘梦符、刘乃隆、刘朋岩、刘清香、刘兴亚、刘元镇、刘增乾、刘振中、刘之祥、刘之远、刘　庄、刘祖彝、卢剑盛、卢行豪、路兆洽、罗明远、罗绳武、罗正远、吕翁声、马浚之、马希融、马杏垣、马振高、马振国、马镇坤、马子骥、马祖望、孟宪民、孟昭樊、孟昭彝、米泰恒、苗树屏、莫柱孙、南延宗、潘承祥、潘钟祥、彭国庆、彭琪瑞、乔　作、秦　鼎、秦馨菱、任　绩、任泽雨、阮曰权、沙光文、沈乃菁、沈在銓、盛莘夫、施洪熙、施家福、施雅风、斯行建、宋福林、宋宏梅、宋钧安、宋淑和、苏夏赫、苏孟守、孙博明、孙茶庆、孙殿卿、孙健初、孙明善、孙殻青、孙延中、孙越崎、谭　飞、谭锡畴、汤克成、汤任先、汤尚松、汤子珍、唐贵智、陶友松、田奇䐝、田顺德、佟常义、汪国栋、汪泰葵、王超翔、王　宠、王宠佑、王大纯、王德林、王恒升、王鸿祯、王嘉隆、王嘉荫、王　椒、王景尊、王励德、王　龙、王乃梁、王尚文、王文彬、王锡藩、王现玤、王晓青、王学海、王　钰、王曰伦、王云汉、王允庆、王镇屏、王　植、王竹泉、王　子、王子昌、王作宾、魏　寿、魏于铭、温文华、翁文波、吴　京、吴磊伯、吴　其、吴绍陵、吴希曾、吴燕生、夏勤铎、夏湘蓉、萧坰森、萧有钧、谢家荣、谢培霖、谢庆辉、谢子贞、熊秉信、熊永先、徐鸿友、徐金生、徐克勤、徐瑞麟、徐铁頳、徐韦曼、徐煜圣、许德佑、许更欣、许　杰、燕春台、燕树檀、严坤元、严　爽、颜　轸、杨博泉、杨国劲、杨怀仁、杨敬之、杨开庆、杨　起、

第三部分 地质大师风范长存

杨少云、杨振翰、杨震中、杨志成、杨钟健、姚文光、业治铮、叶广昌、叶连俊、叶瓦辅、叶伟文、尹赞勋、余伯瓦、余　皓、喻德渊、袁复礼、袁慧灼、袁见齐、乐森璕、岳希新、曾鼎乾、曾繁初、张炳熺、张伯楫、张昌华、张尔道、张　纲、张　更、张鸿吉、张会若、张静愚、张　凯、张鸣韶、张人鉴、张时中、张寿常、张廷玉、张通骏、张琬如、张维亚、张文汉、张文谟、张文佑、张文渊、张锡龄、张心田、张沾霖、张兆瑾、张祖还、章人骏、赵家骧、赵金科、赵景德、赵仁寿、赵声蒸、赵守信、赵天从、钟　伟、钟咏汉、周道隆、周德忠、周嘉言、周瓦钦、周仁沾、周圣生、周泰昕、周向藻、周宗浚、周作恭、朱　钧、朱　谦、朱　森、朱岁声、朱庭祜、朱熙人、朱　夏、朱之杰　……